Matthias Nöthen

Simulationsbasierte Bestimmung der Risstiefe in austenitischem Stahl unter Anwendung der induktiv angeregten Thermografie

TUDpress

DRESDNER BEITRÄGE ZUR ZERSTÖRUNGSFREIEN PRÜFTECHNIK

Herausgegeben von K.-J. Wolter, N. Meyendorf, H. Heuer

Band 4

Matthias Nöthen

Simulationsbasierte Bestimmung der Risstiefe in austenitischem Stahl unter Anwendung der induktiv angeregten Thermografie

TUDpress
2013

Die vorliegende Arbeit wurde am 01. 02. 2012 als Dissertation an der Fakultät Elektrotechnik und Informationstechnik der Technischen Universität Dresden eingereicht und am 16. 07. 2012 erfolgreich verteidigt.

Promotionskommission:

Vorsitzender: Prof. Dr.-Ing. habil. J Czarske

Gutachter: Prof. Dr.-Ing. habil. Meyendorf
Prof. Dr.-Ing. habil.Weise

Bibliografische Information der Deutschen Nationalbibliothek

Die Deutsche Nationalbibliothek verzeichnet diese Publikation in der Deutschen Nationalbibliografie; detaillierte bibliografische Daten sind im Internet über http://dnb.d-nb.de abrufbar.

Bibliographic information published by the Deutsche Nationalbibliothek

The Deutsche Nationalbibliothek lists this publication in the Deutsche Nationalbibliografie; detailed bibliographic data are available in the Internet at http://dnb.d-nb.de.

ISBN 978-3-944331-16-4

Verlag der Wissenschaften GmbH
Bergstr. 70 | D-01069 Dresden
Tel.: 0351/47 96 97 20 | Fax: 0351/47 96 08 19
http://www.tudpress.de

Kurzfassung

Stahlprodukte mit Oberflächenrissen dürfen nicht mehr zur Herstellung von Sicherheitsrelevanten Bauteilen genutzt werden. Für Hersteller von Stahlhalbzeugen ist es daher wichtig, diese Risse noch vor dem Verkauf zu detektieren und zu beseitigen. Hierfür wird ein automatisiertes Prüfsystem verwendet, welches Risse in der Oberfläche detektiert. Durch nachträgliches Schleifen der Oberfläche werden diese Risse entfernt.

Da die Oberfläche nur bis in eine bestimmte Tiefe abgetragen werden kann, ist es sinnvoll Risse, die tiefer als die maximal zulässige Schleiftiefe sind, zu identifizieren. Außerdem kann die Dauer der Bearbeitung durch die Information der Tiefe reduziert werden, indem nur bis zur eigentlichen Risstiefe geschliffen wird.

In der vorliegenden Arbeit wird für austenitische Knüppel die quantitative Risstiefenmessung mittels induktiv angeregter Thermografie entwickelt. Die Knüppel werden bei diesem Verfahren kurzzeitig induktiv erwärmt und die resultierende Temperaturverteilung an der Oberfläche des Bauteils mit einer Infrarotkamera aufgenommen. In der Umgebung von Rissen liegen unterschiedliche Wirbelstromdichten vor. Dies führt zu einer erhöhten Stromdichte im Bereich des Risses. Daraus resultiert ein charakteristischer Temperaturverlauf in der Umgebung des Risses im Vergleich zur übrigen Oberfläche.

Es wird gezeigt, wie das inverse Problem durch Anwendung der Simulation auf den Prüfprozess die Risstiefe ermittelt werden kann. Mithilfe der Ergebnisse aus der Simulation ist es möglich, einen charakteristischen Temperaturverlauf zur Bestimmung der Tiefe zu ermitteln.

Abschließend werden diese Ergebnisse an stichprobenartigen Messungen verifiziert.

Abstract

Steel products with cracks in the surface show a lower quality. For manufacturers of semi-finished steel products, it is important to detect these cracks and eliminate them before the products are sold. Therefore, an automated test system will be used which detects cracks in the surface. By subsequent grinding of the surface, the cracks will be removed.

The surface can only be eroded up to a certain depth. Therefore, it is useful to identify cracks that are deeper than the maximum allowable depth of grinding. In addition, the duration of the processing can be reduced only by grinding down to the actual crack depth.

In this work the quantitative crack depth measurement by using the inductively excited thermography for austenitic steal billet is developed. In this process, the billets are heated inductively and an infrared camera records the resulting temperature distribution on the component surface. In the vicinity of the cracks, the induced eddy currents are prevented from homogeneous propagation near the surface. This leads to an increased current density in the surrounding area of the crack. Hence a characteristic temperature distribution in the vicinity of the crack follows compared to the rest of the surface.

It is shown how to determine the crack depth by using simulations as a reference in the test process. Using the results from the simulation it is possible to determine a characteristic temperature distribution to identify the depth.

In conclusion, these results are verified with test measurements.

Inhaltsverzeichnis

Verwendete Abkürzungen und Symbole

Formelzeichen / Abkürzung	Einheit	Erklärung
A		Amplitude
A	$[m^2]$	Fläche
$\vec{B}$	$\left[T = \frac{V \cdot s}{m^2}\right]$	Magnetische Flussdichte
C	$\left[F = \frac{A \cdot s}{V}\right]$	Kapazität
C_{ges}	$\left[F = \frac{A \cdot s}{V}\right]$	Gesamtkapazität
CMT		Cadmium Mercury Telluride (Detektoren)
D_s	$[m]$	Spulendurchmesser
$\vec{D}$	$\left[\frac{A \cdot s}{m^2}\right]$	Verschiebungsstromdichte
DL		Digital Level Digitalisiertes Detektorsignal
$\vec{E}$	$\left[\frac{V}{m}\right]$	Elektrische Feldstärke
E	$[J] = [\frac{kg \cdot m^2}{s^2}]$	Energie
F_{12}		Formfaktor
$\vec{H}$	$\left[\frac{A}{m}\right]$	Magnetische Feldstärke
H_i	$\left[\frac{A}{m}\right]$	Feldstärke im Inneren der Spule
H_a	$\left[\frac{A}{m}\right]$	Feldstärke in der Umgebung der Spule
I	$[A]$	Stromstärke
I	$\left[\frac{W}{m^2}\right]$	Intensität
$\vec{J}$	$\left[\frac{A}{m^2}\right]$	Elektrische Stromdichte

L	$\left[H = V \cdot \frac{s}{A}\right]$	Induktivität
L_{ind}	$\left[H = V \cdot \frac{s}{A}\right]$	Induktivität des Induktors
LW	$8\ \mu m < \lambda < 14\ \mu m$	Langwelliger Bereich des infraroten Spektrums
M	$[\frac{W}{m^2 \mu m}]$	Strahlungsintensität
M_λ	$[\frac{W}{m^2 \mu m}]$	spektralen Strahlungsdichte / spektrale spezifische Ausstrahlung
MW	$5\ \mu m < \lambda < 8\ \mu m$	Mittlerer Bereich des infraroten Spektrums
N		Anzahl der Spulenwindungen
N_B		Anzahl der aufgenommenen Bilder
NDT		Nondestructive Testing
NETD		Noise equivalent temperature difference
P	$[W]$	Leistung
$\vec{P}_J$	$[W]$	Joulesche Verluste
Q	$[J]$	Wärmeenergie
QWIP		quantum well infrared photodetector
QWIP hqe		quantum well infrared photodetector high quantum efficiency
$\dot{Q}$	$\left[\frac{J}{s}\right] = \left[\frac{kg \cdot m^2}{s^3}\right] = [W]$	Wärmestrom
R		Reflexionskoeffizient
R	$[m]$	Radius (Leiterschleife)
$\vec{S}$	$\left[\frac{J}{m^2 \cdot s}\right] = \left[\frac{W}{m^2}\right]$	Leistungsdichte (Poindingvektor)
SW	$0{,}78\ \mu m < \lambda < 3\ \mu m$	Kurzwelliger Bereich des infraroten Spektrums
T	$[K]$	Temperatur

T_0	$[K]$	Oberflächentemperatur
T_D	$[K]$	Defekttemperatur
ΔT	$[K]$	modulierte Temperaturamplitude / Temperaturdifferenz
ΔU	$[J] = \left[\frac{kg \cdot m^2}{s^2}\right]$	Änderung der inneren Energie
W	$[J] = \left[\frac{kg \cdot m^2}{s^2}\right]$	Energie / Arbeit
W_k	$\left[\frac{K \cdot m^2}{W}\right]$	Thermischer Kontaktwiderstand

c_p	$\left[\frac{J}{kg \cdot K}\right]$	Spezifische Wärmekapazität
c_0	$2{,}998 \cdot 10^8 \frac{m}{s}$	Lichtgeschwindigkeit im Vakuum
d	$[m]$	Schichtdicke
f	$[Hz]$	Frequenz
h	$6{,}626 \cdot 10^{-34} J \cdot s$	Plancksches Wirkungsquantum
h	$[m]$	Höhe
$\vec{j}$	$\left[\frac{A}{m^2}\right]$	Elektrische Stromdichte
k	$1{,}38 \cdot 10^{-23} \frac{J}{K}$	Boltzmann Konstante
l	$[m]$	Spulenlänge
m	$[kg]$	Masse
q	$\left[\frac{W}{m^2}\right] = \left[\frac{J}{m^2 \cdot s}\right]$	Wärmestromdichte
$\vec{r}$	[m]	Vektor zwischen der Schleife und betrachtetem Punkt
r	[m]	Abstand vom Leiter

$\vec{s}$	[m]	Pfad der Leiterschleife
t	$[s]$	Zeit
Δt	$[s]$	Zeitintervall
x	$[m]$	Koordinatenachse
y	$[m]$	Koordinatenachse
y	$[m]$	Defekttiefe
z	$[m]$	Koordinatenachse

Φ	$[W]$	Strahlungsleistung
ϕ	$[Wb] = [Vs]$	Magnetischer Fluss
Θ	$[°]$ $bzw. [rad]$	Raumwinkel
ψ	$[°]$ $bzw. [rad]$	Raumwinkel

α		Absorptionskoeffizient
α	$\left[\frac{m^2}{s}\right]$	Temperaturleitfähigkeit
γ	$[°]$ $bzw. [rad]$	Öffnungswinkel der Leiterschleife
δ	$[m]$	Wirbelstromeindringtiefe
ε		Emissionsgrad
ε_0	$8{,}854 \cdot 10^{-12} \frac{A \cdot s}{V \cdot m}$	Permittivität des Vakuums
ε_r		relative Permittivität
λ	$\left[\frac{W}{m \cdot K}\right]$	Wärmeleitfähigkeit
λ	$[m]$	Wellenlänge

μ	$[m]$	Thermische Eindringtiefe
μ_r		Relative Permeabilität
μ_0	$4 \cdot \pi \cdot 10^{\ 7} \frac{V \cdot s}{A \cdot m}$	Absolute Permeabilität
ρ	$\left[\frac{kg}{m^3}\right]$	Dichte
ρ	$\left[\frac{C}{m^3}\right] = \left[\frac{As}{m^3}\right]$	Raumladungsdichte
ρ		Reflexionsgrad
σ	$\left[\frac{m}{\Omega \cdot mm^2}\right]$	Elektrische Leitfähigkeit
τ	$[s]$	Burstlänge
τ		Transmissionsgrad
φ	$[rad]$	Phasenwinkel
ω	$[Hz]$	Kreisfrequenz
ω_w	$[Hz]$	Wirbelstromkreisfrequenz

1 Einleitung und Zielstellung

Da Stahlprodukte mit Oberflächenrissen nur geringeren Qualitätsansprüchen genügen, soll in dieser Arbeit eine Methode entwickelt werden, die die Bestimmung der Risstiefe ermöglicht. Hierbei soll die Simulation als Grundlage für die Bewertung der Tiefe genutzt werden.

Für die Detektion von Oberflächenrissen wird ein automatisiertes Prüfsystem verwendet, welches vor dem Verkauf der Stahlhalbzeuge Risse detektiert und durch nachträgliches Schleifen der Oberfläche beseitigt. Da die Oberfläche nur bis in eine bestimmte Tiefe abgetragen werden kann, ist es sinnvoll Risse, die tiefer als die maximal zulässige Schleiftiefe sind, zu identifizieren. Durch die zusätzliche Information der Risstiefe kann die Dauer der Bearbeitung deutlich reduziert werden, indem nur bis zur eigentlichen Risstiefe geschliffen wird.

In der vorliegenden Arbeit wird für austenitische Stranggusshalbzeuge, die Knüppel, die quantitative Risstiefenmessung mittels induktiv angeregter Thermografie entwickelt.

In Abb. 1.1 ist der schematische Ablauf zur Herstellung von Knüppeln dargestellt. Hier wird die flüssige Schmelze über eine Pfanne, einen Verteiler und ein Gießrohr in die Kokille geleitet, in der die Schmelze in den Randbereichen abgekühlt wird. Anschließend wird der noch weiche Strang mit Walzen in die endgültige Form gebracht [1].

Bei der zerstörungsfreien Prüfung mittels der induktiv angeregten Thermografie werden die Knüppel kurzzeitig induktiv erwärmt und die resultierende Temperaturverteilung an der Oberfläche des Bauteils ausgewertet und auf der Grundlage von Simulationen bewertet.

Wenn in der Oberfläche des Knüppels Risse auftreten, werden die induzierten Wirbelströme in ihrer homogenen Ausbreitung nahe der Oberfläche in der Umgebung von Rissen gehindert.

Daher kommt es lokal zu einer höheren Stromdichte und damit zu einer stärkeren Wärmeentwicklung als bei unbeschädigten Bauteilbereichen [2]. Die lokale Temperaturerhöhung kann mit Hilfe einer Infrarotkamera an der Bauteiloberfläche aufgenommen werden. Durch die Aufzeichnung und Auswertung dieser Thermogramme der Oberfläche lassen sich die Defekte bildhaft darstellen.

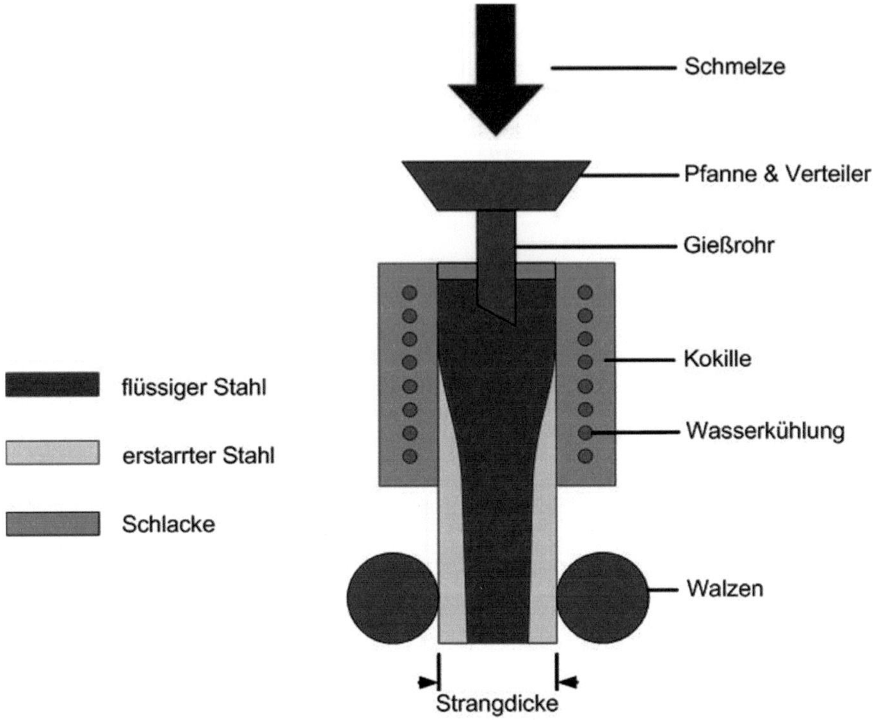

Abb. 1.1: Schematischer Ablauf des Stranggussverfahrens [1]

Durch die genaue Betrachtung der Temperaturverteilung in der direkten Umgebung des Risses kann ein charakteristischer Temperaturverlauf festgestellt werden, der die Bestimmung der Risstiefe ermöglicht. Durch den Einsatz von Simulation auf den Prüfprozess kann die Risstiefe bewertet werden.

Die Verifikation dieser Methode wird anhand von stichprobenartigen Messungen vorgenommen.

Durch die Möglichkeit der Bestimmung der Risstiefe werden nur noch die Bauteile nachträglich bearbeitet, bei denen die Risstiefe innerhalb der Fertigungstoleranzen liegt und somit entfernt werden kann. Die Bestimmung der Risstiefe erlaubt somit die Unterteilung in kritische und nicht kritische Fehlstellen. Als kritische Fehler werden Risse bezeichnet, die die vorgegebenen Fertigungstoleranzen überschreiten. Mit dieser Einteilung der Produkte ist ein enormer wirtschaftlicher Aspekt verbunden, da Bauteile mit kritischen Fehlergrößen sofort aussortiert werden können.

Mit der induktiv angeregten Thermografie ist es möglich, bis zu 100 % der gefertigten Produkte inline zu prüfen, das heißt während des Produktionsprozesses.

Mithilfe dieses Verfahrens können auch moderne Werkstoffe aus der Luft- und Raumfahrttechnik geprüft werden, sofern diese, bei beispielsweise kohlenstofffaserverstärkten Kunststoffen (CFK), eine geringe elektrische Leitfähigkeit besitzen. Weiterhin bietet dieses Prüfverfahren durch die einfache Defekterkennung und die kontaktlose Anregung großes Potential zur Automatisierung.

2 Stand der Wissenschaft und Technik

Dem Herstellungsprozess von Stahlhalbzeugen schließt sich immer häufiger als Arbeitsschritt eine zerstörungsfreie Prüfung an um Produktionsfehler im Material vor der Auslieferung zu vermeiden. In der zerstörungsfreien Prüftechnik werden in Abhängigkeit der Prüfaufgabe mehrere unterschiedliche Prüfverfahren miteinander gekoppelt, sodass beispielsweise neben der Oberflächenprüfung auch das Innere des Produktes auf Fehler überprüft werden kann. Eine mögliche Kombination der Prüfverfahren ist die Thermografie zur Oberflächenprüfung und der Ultraschall für die Volumenprüfung, wobei sich die induktiv angeregte Thermografie zur kontaktlosen Prüfung von elektrisch leitenden Werkstoffen immer mehr durchsetzt.

Für die induktive angeregte Thermografie sind neben dem Begriff der Induktionsthermografie auch die Begriffe Wirbelstromthermografie, thermoinduktives Prüfverfahren, magneto-thermal NDT (Nondestructive Testing) und EddyTherm geläufig.

Die induktiv angeregte Thermografie wird bislang lediglich zum Auffinden und Lokalisieren von oberflächennahen Fehlstellen eingesetzt und basiert auf dem Prinzip der Erwärmung durch induzierte Wirbelströme [3].

Die heute oft eingesetzte Vorgehensweise um Oberflächenrisse von Gusshalbzeugen zu entfernen, ist die Oberfläche abzuschleifen. Die Schleifroboter arbeiten immer bis zu der maximal zulässigen Arbeitstiefe von 2 mm, da eine Aussage über die Tiefe der oberflächennahen Risse in Metallen bislang nur mit speziellen Prüfverfahren, wie das nicht kontaktlose Potentialsondenverfahren, möglich ist.

2.1 Infrarotdetektoren als Grundlage thermografischer Prüfverfahren

Die technische Entwicklung in der Thermografie wird derzeit in sehr hohem Maße von den Entwicklungen im Bereich der Infrarotdetektoren geprägt. Ausgehend von Kameras mit Einzeldetektoren und mechanischer Abtastung werden jetzt nahezu ausschließlich sehr große und hochauflösende Matrixdetektoren (Focal Plane Arrays - FPA), wie beispielsweise InSb-Detektoren, mit einer Millionen Pixel hergestellt. Auch Dualbandkameras, wie die Geminis 327k ML der Firma IRCAM, die zwei Wellenlängenbereiche von 3,7 bis 5,0 µm und von 8,0 bis 9,4 µm synchron aufnehmen kann, sind mittlerweile auf dem Markt verfügbar.

Dieser technische Fortschritt vergrößert zunehmend die Akzeptanz der Thermografie in der Industrie zur zerstörungsfreien Werkstoffprüfung.

Durch die steigende Nachfrage und die stetig sinkenden Anschaffungskosten werden IR-Detektoren auch zunehmend im zivilen Bereich eingesetzt. Die Kameras lassen sich hinsichtlich ihres Aufbaus in gekühlte und ungekühlte Kameras unterteilen. Ungekühlte Kameras besitzen meistens einen Mikrobolometerarray als Detektor oder seltener einen pyroelektrischen Detektor. Sie werden vorwiegend im langwelligen infraroten Spektralbereich eingesetzt. Bolometerarrays werden quasi monolithisch ausgeführt. Jedes Pixel besteht aus einer Widerstandsschicht, wie beispielsweise Vanadium-Poly-Oxid, die ihren Widerstand in Abhängigkeit der Temperatur ändert. In Abb. 2.1 ist ein Ausschnitt aus einem Mikrobolometerarray dargestellt.

Weiterhin kann beim Bolometerdetektor ein Übersprechen von benachbarten Pixeln, wie in Abb. 2.1 gezeigt, nicht vernachlässigt werden, da jedes Pixel mit dem gleichen Kühlelement zur thermischen Stabilisierung verbunden ist. Aufgrund dieser thermischen Zusammenhänge ist die Langzeitstabilität auf lediglich 2 Minuten begrenzt.

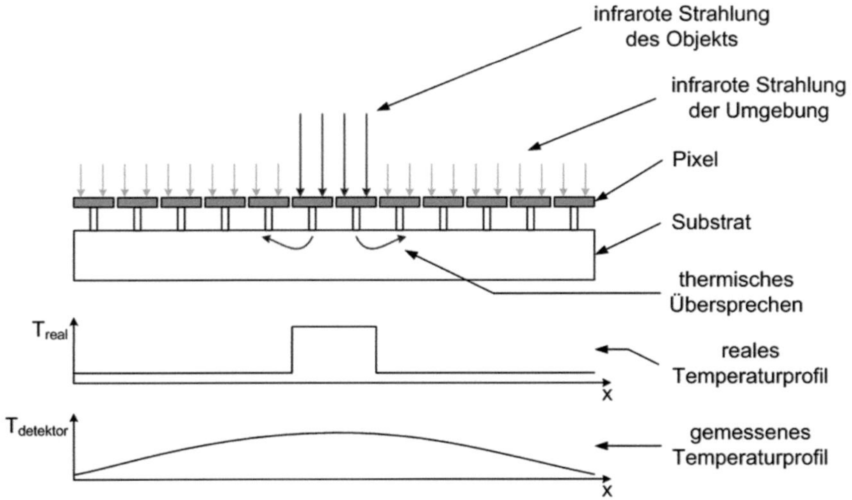

Abb. 2.1: Aufbau eines Mikrobolometerarrays und resultierendes Detektorsignal

Bei pyroelektrischen Detektoren ändert sich, sobald Strahlung auf einen Detektorpixel auftrifft, die Polarisation des Pixels. Es wird somit keine äußere elektrische Energie benötigt um das Detektorsignal zu erzeugen, während das Bolometerprinzip immer eine Vorspannung benötigt.

Weitere Detektoreigenschaften gekühlter und ungekühlter Elemente sind in Tabelle 2.1 zusammengestellt.

Tabelle 2.1: Eigenschaften von verschiedenen Detektoren [4] [5]

Detektortypen	CMT	InSb	Super-Lattice	QWIP QWIP hqe	PtSi	Ungekühlt
Material	HgCdTe	InSb	GaInSb/ InAs	GaAs/ AlGaAs	PtSi/Si	VOx, a-Si
Bereich	SW, MW, LW	SW, MW	MW, Dual Color	MW, LW, Dual Band	SW, MW	LW
Quanten - effizienz	bis 80 %	bis 70 %	bis 40 %	ca. 10 % bis 40 %	ca. 1 %	-
Größtes kommerziell verfügbares Bildformat	1280 x 720	1024 x 1024	384 x 288 (IRCAM)	640 x 512 (IRCAM)	800 x 512	640 x 480 (IRCAM)
Pixel-Pitch in µm	15 – 40	15 – 50	40	24 – 50	20 – 24	25 – 50
NETD (300 K) in mK	10	20	15	10 - 30	60	70
Integrations-zeiten für optimale NETD (300 K)	MW: 1 ms LW: 300 µs	1 ms	5 ms	20 ms 1 ms	33 ms	33 ms
Korrigier-barkeit (linear / quadratisch)	MW: 0,7 / 0,3 LW: 3,0 / 0,7	0,7 / 0,3	Keine Werte Verfügbar	2,6 / 0,5	0,6 / 0,2	- / -
Langzeit-stabilität	MW: 20 h LW: 5 min	1 h	Keine Werte Verfügbar	5 h	> 24 h	2 min

Bei gekühlten Detektoren sind erheblich mehr Detektorarten verfügbar. Quantenempfänger, auch Halbleiterempfänger genannt, nutzen den inneren fotoelektrischen Effekt. Zum Strahlungsnachweis muss eine bestimmte Energieschwelle ΔW überwunden werden, damit eine Spannung am Detektorausgang gemessen werden kann [6]. Hierbei wird ΔW mit $\Delta W = h \cdot f$ berechnet, wobei h das Plancksche Wirkungsquantum und f die Frequenz des eingestrahlten Lichts ist.

Quantenempfänger werden mit den drei Eigenschaften schnell (Zeitkonstante ist zehn bis tausend Mal kürzer als bei thermischen Empfängern), empfindlich (zwei bis 10^6 Mal höher als bei thermischen Empfängern) und rauscharm (zehn bis tausend Mal höhere spezifische

Detektivität) verbunden (vgl. Tabelle 2.1). Aufgrund dieser Eigenschaften eignen sich diese Detektoren besonders gut für die Inspektionen an Metallen. Jedoch müssen diese Detektoren auf ca. 70 K gekühlt werden.

Als NETD (NETD = noise equivalent temperature difference) wird die dem Rauschsignal des Detektors äquivalente Temperaturdifferenz bezeichnet, die bei ungekühlten Detektoren deutlich größer ist als bei gekühlten.

In dieser Arbeit wird gezeigt, dass es mit spezieller Infrarotkameratechnik möglich ist, die aktive Thermografie nicht nur zum Auffinden von Fehlstellen einzusetzen, sondern auch um quantitative Aussagen über den Fehler im Prüfobjekt zu treffen. Diese Aussagen zu den Fehlstellen können beispielsweise über unterschiedliche thermische Leitfähigkeiten oder, wie in dieser Arbeit, über geometrische Dimensionen eines Risses oder einer Nut getroffen werden.

2.2 Bisherige Möglichkeiten der Detektion von Oberflächenrissen

Mit der optisch oder thermisch angeregten Thermografie können nur Risse, die parallel oder schräg zur Oberfläche verlaufen, detektiert werden [7]. Da die Ausgleichsvorgänge in Metallen sehr schnell sind, können die optisch und thermisch angeregte Thermografie nur begrenzt bei Metallen eingesetzt werden. Die einzigen Anregungsarten der aktiven Thermografie, die eine zuverlässige Detektion von Oberflächenrissen erlauben, sind die Anregung mittels Ultraschall und Induktion. Beim Ultraschall wird das Prüfteil mechanisch angeregt, wodurch die Rissflanken aneinander reiben und so die Energie in Wärme umgewandelt wird [8]. Nachteilig hierbei ist jedoch, dass der Ultraschallsender, die Sonotrode, Kontakt zum Prüfteil benötigt und sich daher diese Prüfmethode nur sehr schwer automatisiert in einen Fertigungsprozess integrieren lässt. Bei der induktiven Anregung in elektrisch leitenden Materialien werden die induzierten Wirbelströme in der Umgebung des Risses in ihrer homogenen Ausbreitung gehindert. Dadurch treten hier höhere Joulesche Verluste auf [8] [9] [10]. Die sehr einfache Automatisierbarkeit durch die vollständig kontaktlose Prüfung stellt den größten Vorteil dieses Verfahrens dar.

Neben den zuvor vorgestellten thermografischen Verfahren sind auch die Wirbelstrom- und die Röntgenprüfung für die Detektion von Rissen geeignet.

Bei der Wirbelstromprüfung wird der Effekt ausgenutzt, dass die meisten Verunreinigungen und Beschädigungen, wie Risse, in einem elektrisch leitfähigen Material auch eine andere elektrische Leitfähigkeit oder eine andere Permeabilität als das eigentliche Material besitzen. Da das Messsignal von der Leitfähigkeit, der Permeabilität und dem Abstand zwischen Detektor und Materialoberfläche abhängt, kann die Wirbelstromprüfung zur Rissprüfung und zur Schichtdickenmessung eingesetzt werden. Da die Wirbelstromsonde jedoch sehr nah an das Bauteil heran gebracht werden muss, ist dieses Verfahren nur bedingt zum Prüfen von austenitischen Stahlhalbzeugen im industriellen Einsatz geeignet.

Bei der Röntgenprüfung erfolgt die Prüfung eines Bauteils zwei- oder dreidimensional. Es können innere Fehler und Bauteilgeometrien geprüft werden. Die Prüflinge werden mit einer energiereichen elektromagnetischen Strahlung wie Röntgen- und Gammastrahlung durchstrahlt, da diese die Materie durchdringen kann. Inhomogenitäten, Fehlstellen, Risse oder abweichende Materialstärken führen zu einer unterschiedlichen Schwächung der durchdringenden Strahlung, die mittels eines hinter dem Prüfling liegenden digitalen Bildwandlers oder durch einen Film als Grauwertunterschied eines zweidimensionalen Bildes erfasst werden. Analog dazu basiert die Computertomographie auf der digitalisierten schichtweisen dreidimensionalen Erfassung eines Objektes aus verschiedenen Blickwinkeln, mit deren Hilfe ein dreidimensionaler Volumendatensatz errechnet werden kann. Aufgrund der Vielzahl von benötigten Bildern ist die Computertomografie sehr zeitaufwändig. Außerdem ist die Durchstrahlungsprüfung nur sehr begrenzt für die Oberflächenrissdetektion geeignet, da sich Oberflächenrisse im Durchstrahlungsbild nur durch einen minimalen Grauwertunterschied abgrenzen lassen. Ein großer Nachteil der Röntgenprüfung ist die hohe Strahlenbelastung und der daraus resultierende erhebliche Aufwand zum Strahlenschutz. Wichtige Grundlagen und Richtlinien der Durchstrahlungsprüfung sind unter anderem in DIN EN 444, DIN EN 462, DIN EN 584 und DIN EN 1330-4 zu finden.

Aufgrund der Nachteile der ultraschallangeregten Thermografie, der Wirbelstromprüfung sowie der Röntgenprüfung bezüglich der Detektion von Oberflächenrissen an austenitischen Stählen ist die induktiv angeregte Thermografie besonders durch die 100%-ig kontaktlose Prüfung für den industriellen Einsatz am besten geeignet.

3 Physikalische Grundlagen

Die physikalischen Grundlagen der induktiv angeregten Thermografie lassen sich in thermische und elektromagnetische Zusammenhänge unterteilen. Sie werden daher in dieser Arbeit getrennt voneinander behandelt.

3.1 Thermografische Grundlagen

Die Infrarotthermografie ist ein zerstörungsfreies Prüfverfahren zur Detektion und Lokalisierung von äußerlich nicht sichtbaren Defekten durch Analyse des Wärmeflusses. Sie beruht auf dem Planckschen Gesetz, das ausgehend von einem idealen schwarzen Strahler jeder Temperatur ein Wellenlängenspektrum zuweist. Bei Raumtemperatur befindet sich das Maximum dieses Spektrums im infraroten Wellenlängenbereich und verschiebt sich mit höheren Temperaturen immer mehr zum sichtbaren Bereich.

Die Einordnung der infraroten Strahlung in das Spektrum der elektromagnetischen Strahlung zeigt Abb. 3.1. Hier ist auch die Unterteilung in kurzwellige, mittelwellige und langwellige Strahlung angegeben. Die Differenzierung in diese Frequenzbereiche ist in den Transmissionseigenschaften der umgebenden Luftbegründet.

Die Einteilung der Thermografie in die atmosphärischen Transmissionsfenster ist in Abb. 3.2 grafisch dargestellt.

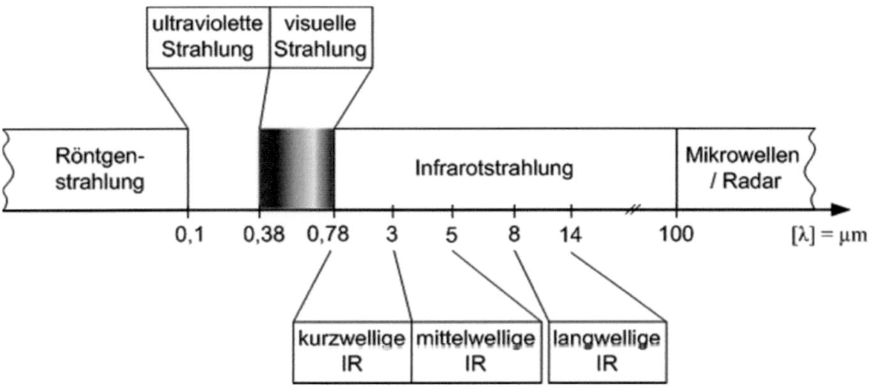

Abb. 3.1: Spektrum elektromagnetischer Wellen [11]

Hierfür wurden im maritimen Bereich über eine bestimmte Strecke die Transmissionseigenschaften von Luft gemessen. In der dargestellten Abbildung ist zu erkennen, dass Luft bestimmte Wellenlängen, wie z. B. 5,5 µm - 7,5 µm, nicht transmittiert. Auf diese Frequenzbereiche sind daher die Empfindlichkeiten der Detektoren optimiert.

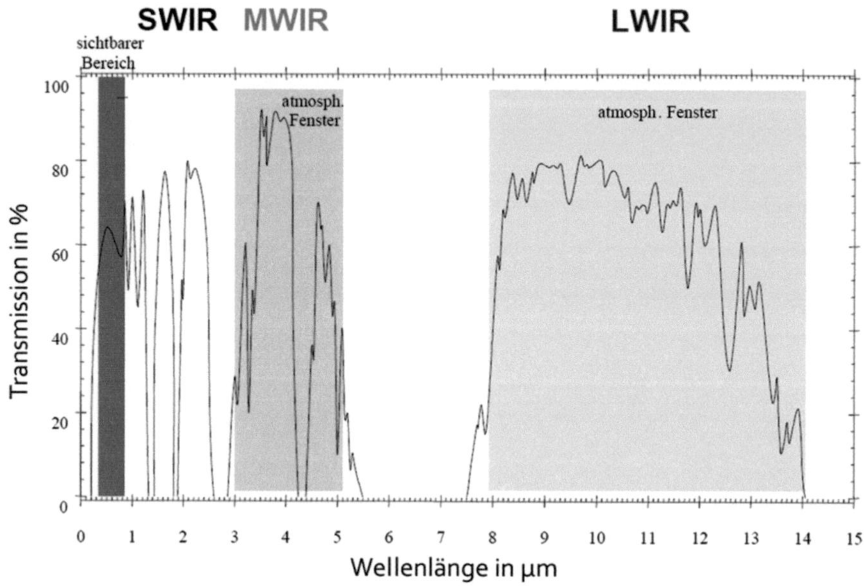

Abb. 3.2: Atmosphärische Transmissionsfenster [6]

Für die weiteren Betrachtungen werden die Begriffe Absorptionsgrad α, Reflexionsgrad ρ und Transmissionsgrad τ eingeführt. Der Absorptionsgrad α, der Reflexionsgrad ρ bzw. der Transmissionsgrad τ geben an, welcher Teil des Lichtstroms von einer Fläche absorbiert, reflektiert bzw. transmittiert wird. [12]. Der Absorptionsgrad α, Reflexionsgrad ρ und Transmissionsgrad τ sind über das erste Kirchhoffsche Strahlungsgesetz

$$\rho + \tau + \alpha = 1 \tag{3.1}$$

miteinander verknüpft. Dieser Zusammenhang wird auch als Strahlungsbilanz bezeichnet.

Der Emissionsgrad ε gibt an, wie viel Strahlung ein Körper im Vergleich zu einem schwarzen Strahler abgibt. Nach dem zweiten Kirchhoffschen Strahlungsgesetz emittiert jeder ideale

Körper die gleiche Strahlungsenergie, die er absorbiert [13]. Ein schwarzer Strahler ist somit ein Körper, der bei allen Wellenlängen die maximal mögliche Strahlungsenergie emittiert [14].

Somit ist der Reflexionsgrad $\rho = 0$ und der Transmissionsgrad $\tau = 0$. Bei einem schwarzen Strahler ist daher der Emissionsgrad gleich dem Absorptionsgrad

$$\varepsilon = \alpha \,. \tag{3.2}$$

Da diese idealen Eigenschaften nur näherungsweise auftreten können, beschreiben graue Strahler Körper mit einem Emissionsgrad $\varepsilon < 1$. In der folgenden Tabelle 3.1 ist eine Auswahl von verschiedenen Materialien und ihren Emissionsgraden angegeben.

Tabelle 3.1: Emissionsgrade verschiedener Materialien [13]

Material	Emissionsgrad ε
Aluminium, roh	0,07
Aluminium, poliert	0,05
Eisenblech, blank	0,24
Eisenblech, verrostet	0,69
Eisenblech, verzinkt	0,23
Stahlblech, Walzhaut	0,66
Stahlblech, Oxidschicht	0,24

Die hier angegebenen Werte geben den Gesamtemissionsgrad an, der in Richtung der Flächennormalen der betrachteten Oberfläche gilt. Nach [14] sind diese Werte für den sichtbaren und infraroten Wellenlängenbereich (0,38 µm – 10 µm) gültig. Viele Oberflächen strahlen jedoch kein kontinuierliches Spektrum aus. Diese werden als selektive Strahler bezeichnet. Grundsätzlich ist der Emissionsgrad einer Oberfläche A abhängig vom Betrachtungswinkel (Raumwinkel Θ, ψ) $\varepsilon = f(\lambda, T, \Theta, \psi)$. Im besten Fall befindet sich daher die IR-Kamera senkrecht über der betrachteten Oberfläche.

Das Stephan-Boltzmann Gesetz (3.3) sagt aus, dass jeder Körper, dessen Temperatur über dem absoluten Nullpunkt liegt, Wärmestrahlung aussendet

$$\Phi = \varepsilon \cdot k \cdot A \cdot T^4 \,. \tag{3.3}$$

Hier ist die Strahlungsleistung Φ vom Emissionsgrad ε, von der Größe der Oberfläche A, der absoluten Temperatur T und der Naturkonstanten, Stefan-Boltzmann-Konstante k, abhängig. Mit diesem Zusammenhang lässt sich die abgestrahlte Leistung eines Körpers bei einer Temperatur berechnen.
Zur Berechnung der spektralen spezifischen Ausstrahlung M, auch als spektrale Strahlungsdichte des idealen schwarzen Strahlers bezeichnet, kann das Plancksche Gesetz der Gleichung (3.4) herangezogen werden [13].

$$M(\lambda,T)\,dA\,d\lambda = \frac{2\cdot\pi\cdot h\cdot c^2}{\lambda^5}\cdot\left(e^{\frac{h\cdot c}{\lambda\cdot k\cdot T}}-1\right)^{-1} dA\,d\lambda \tag{3.4}$$

λ bezeichnet hier die Wellenlänge, h das Plancksche Wirkungsquantum, c die Lichtgeschwindigkeit und k die Boltzmann Konstante [6].
Für verschiedene Temperaturen sind in Abb. 3.3 die spektralen Strahlungsintensitäten dargestellt.

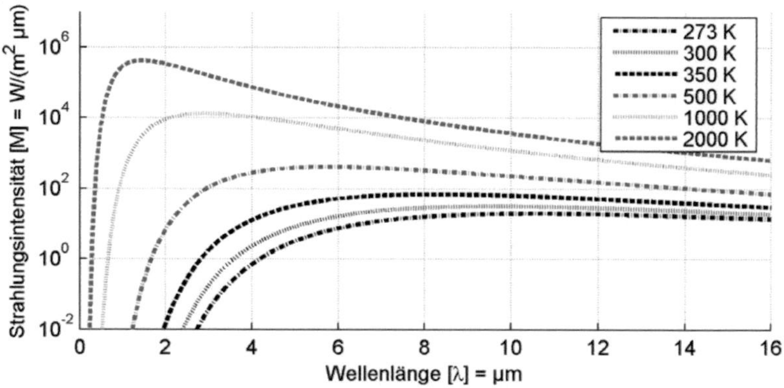

Abb. 3.3: Mit dem Planckschen Gesetz berechnete spektrale Strahlungsintensität eines Schwarzen Strahlers

3.1.1 Einteilung der Thermografie

Nicht immer ist es möglich die vorhandene Bauteilwärme oder die durch den Produktionsprozess erzeugte Wärme für die passive thermografische Prüfung zu nutzen.

Deswegen wird häufig das zu prüfende Bauteil gezielt thermisch angeregt und anschließend untersucht. Diese Vorgehensweise zur Prüfung eines Bauteils mit zusätzlicher thermischer Anregung wird als aktive Thermografie bezeichnet. Für die Detektion von Fehlstellen wird ein Temperaturgradient oder Wärmefluss innerhalb des Testobjekts benötigt. Die für die Prüfung benötigte Wärmeenergie hängt von der Tiefe des Fehlers im Bauteil und von der Empfindlichkeit der verwendeten IR-Kamera ab.

Wie Tabelle 3.2 zeigt, kann die aktive Thermografie hinsichtlich der Art der Anregungsenergie unterteilt werden. Zusätzlich wird auch zwischen einer kontinuierlichen, einer stufenförmigen und einer periodischen Anregung unterschieden. Die hierfür möglichen Energiequellen sind Halogenstrahler, Blitzlampen, Laser für thermische / optische Energie, Induktions- und Konduktionstransformatoren für elektrische / magnetische Energie oder Ultraschallwandler für mechanische Energie.

Tabelle 3.2: Einteilung der Thermografie [13]

	Passive Thermografie	**Aktive Thermografie**		
Anregungsart	Eigenwärme	Wärme / Licht	induktiv / elektrisch	Ultraschall
Auswertung		Abkühlungsthermografie		Phasenthermografie / Lockin-Thermografie
Ergebnis	Kontrastbild	Kontrastbild		Amplituden- und Phasenbild

3.1.2 Anregungsmechanismen

3.1.2.1 Optische Anregung

Die optische Anregung wird oft bei der Impulsthermografie eingesetzt. Hier wird das Bauteil mit schnell reagierenden Strahlern oder Blitzleuchten innerhalb weniger Millisekunden angeregt, wobei sich die Oberflächentemperatur je nach Leistung der Lichtquelle, Beschaffenheit der Oberfläche, Farbe der Oberfläche und Wärmeleitfähigkeit des Materials um wenige Kelvin erhöht [13].

Als Leuchtquellen können Blitzleuchten, Halogenleuchten, Quarzglasstrahler, Karbonstrahler, Keramikstrahler oder Laser genutzt werden. Die Wärme diffundiert ausgehend von der

Oberfläche in das Bauteil und wird bei Fehlstellen im Material wieder zurück zur Oberfläche reflektiert und dort detektiert (vgl. Abb. 3.4). Die Thermografie mit optischer Anregung ist sehr gut zur Detektion von Enthaftungen oder Delaminationen geeignet. Sie ist sehr einfach in der Handhabung und die zur Anregung genutzte Energie lässt sich gut skalieren. Bei der Verwendung von Laserlicht können sehr große Leistungen von einigen tausend Watt erreicht werden. Mit dieser Anregungsmethode können außerdem materialspezifische Kenngrößen, wie die lokale Wärmeleitfähigkeit, bestimmt werden (Laserflash Methode) [13].

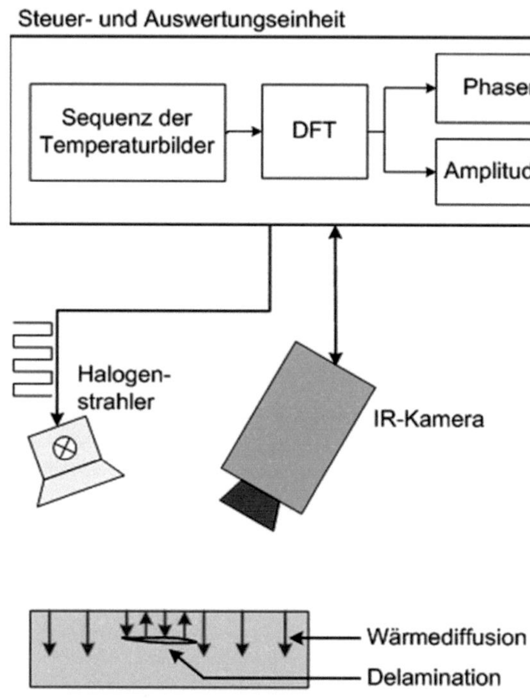

Abb. 3.4: Schematischer Aufbau der optisch angeregten Lockin-Thermografie [13]

Bei der optisch angeregten Thermografie handelt es sich jedoch nicht um eine defektselektive Darstellung [14] [15].

Es soll nun angenommen werden, dass die Fehlstelle aus einem Material mit einer geringeren Wärmeleitfähigkeit besteht. Die Wärmequelle erzeugt einen Wärmeimpuls auf der Oberfläche, der durch Diffusion in das Bauteil eindringt. Die Wärme wird an den Defekten in ihrer Ausbreitung gehindert, wodurch es zu einem Wärmestau kommt. Bei der

Prüfung in Reflexion (Anregungsquelle und Infrarotkamera befinden sich auf der gleichen Seite des Bauteils) kann eine durch den Wärmestau verursachte lokale Erhöhung der Oberflächentemperatur aufgenommen werden. Dieser Zusammenhang ist in Abb. 3.5 links gezeigt. Bei der Prüfung in Transmissionsanordnung (Abb. 3.5 rechts) wird in der Fehlerumgebung eine geringere Oberflächentemperatur aufgenommen.

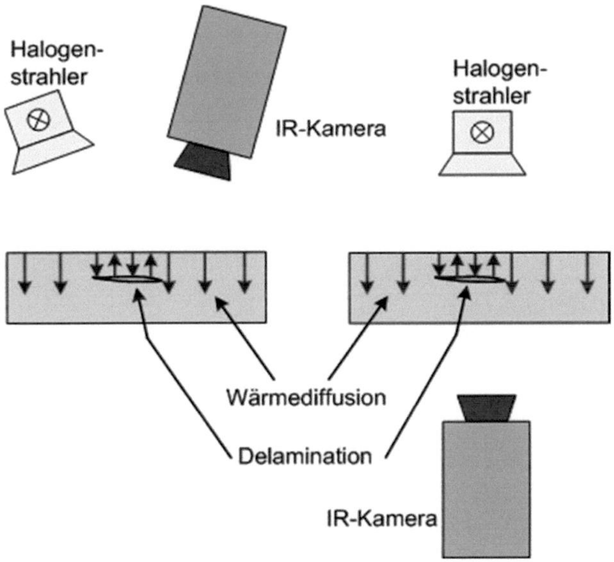

Abb. 3.5: Schematische Darstellung der Prüfung in Reflexionsrichtung (links) und Transmissionsrichtung (rechts)

Weiterhin kann zur Auswertung periodisch angeregter Prüfteile eine Phasenthermografie oder Lockin-Thermografie genutzt werden. Hierbei wird die Phasenverschiebung zwischen dem Anregungszyklus und der detektierten Strahlung bestimmt. Die Phasenverschiebung stellt ein Maß für die Fehlertiefe unter der Oberfläche dar. Schematisch ist diese Methode in Abb. 3.4 am Beispiel der optisch angeregten Thermografie dargestellt. Hier wird die Anregung periodisch modelliert und die Bauteiloberfläche mit einer Infrarotkamera aufgenommen. Diese Sequenz der Thermogramme wird dann anschließend mit Hilfe einer diskreten Fourier-Transformation (DFT) ausgewertet. Als Ergebnis liegt ein Amplituden und ein Phasenbild vor [13].

Die Auswertung und Erkennbarkeit der Fehlstellen kann durch den Einsatz von Filtern verbessert werden. Ein häufig eingesetzter Filter ist beispielsweise der Gradientenfilter.

3.1.2.2 *Ultraschallanregung*

Bei der ultraschallangeregten Thermografie werden die elastischen Parameter des Prüfkörpers ausgenutzt, um mechanische Wellen im Prüfmaterial zu leiten. Bei Fehlstellen kann die niederfrequente Schwingung durch den Fehler im Material nicht weitergeleitet werden. Hier kommt es zur Reibung an den Fehlerflanken und somit zur Wärmeentwicklung. Die entstehende Wärme kann dann an der Oberfläche gemessen werden. Somit lassen sich Risse und Delaminationen mit dieser Technik sehr gut nachweisen. Der schematische Aufbau ist in Abb. 3.6 dargestellt.

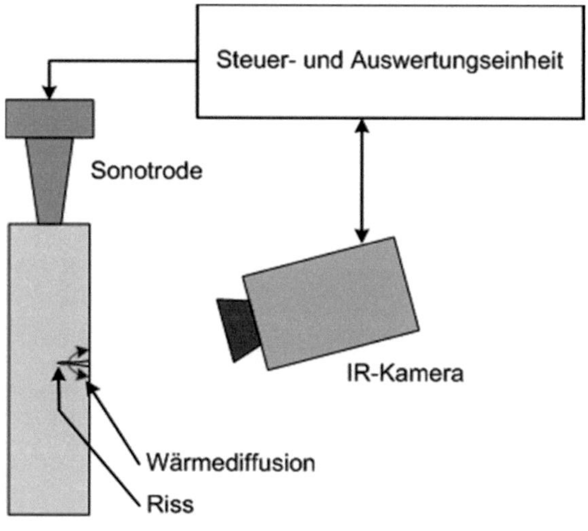

Abb. 3.6: Schematischer Aufbau der ultraschallangeregten Thermografie [16]

Die ultraschallangeregte Thermografie ist ein defektselektives Prüfverfahren. Es ist jedoch nicht kontaktlos, da die Sonotrode Kontakt zum Bauteil haben muss [4] [5]. Zusätzlich können geometrisch sehr aufwändige Körper nur schwer geprüft werden. Hierbei kann es zur Überlagerung und Auslöschung von Ultraschallwellen kommen, welche zu blinden Bereichen führen können [15].

Ein weiteres thermografisches Prüfverfahren mit mechanischer Anregung ist die 1995 am IKP (heute Institut für Kunststofftechnik IKT der Universität Stuttgart) entwickelte ultraschallangeregte Lockin-Thermografie (ULT).

3.1.2.3 Elektrische Anregung

Bei der elektrischen Thermografie wird induktiv oder direkt (konduktiv) ein Strom in das Bauteil geleitet. In folgender Abbildung (Abb. 3.7) ist der Aufbau der konduktiven thermischen Anregung grafisch dargestellt. Hier wird durch einen konduktiv eingeleiteten Strom eine Änderung der Leitfähigkeit oder der Querschnittsfläche detektiert. Durch die Nutzung eines Wechselstroms können außerdem Fehlstellen nahe der Bauteiloberfläche festgestellt werden [4] [5].

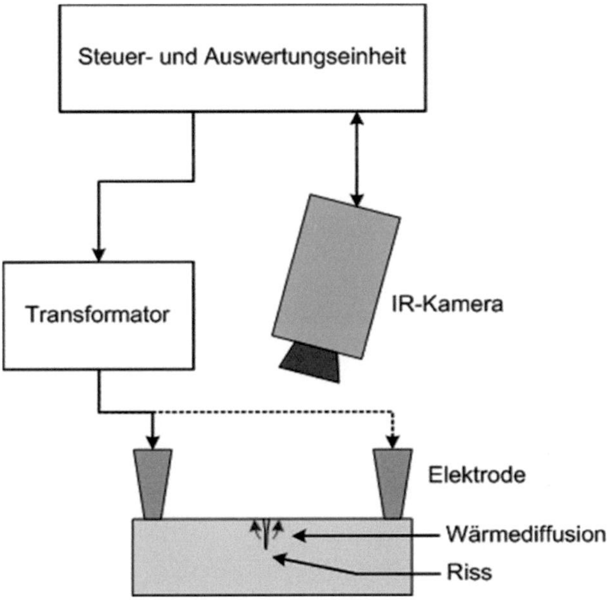

Abb. 3.7: Grafische Darstellung der konduktiven Anregung für die thermografische Prüfung

Diese Methode wird beispielsweise zur Defektlokalisierung an elektronischen Bauteilen (Thermosensorische Defektlokalisierung, TDL) wie ICs, Displays oder Solarzellen verwendet. Kurzschlüsse und lokal erhöhte Stromdichten innerhalb eines elektrischen Schaltkreises führen zu lokalen Erwärmungen, die sich zur Oberfläche hin ausbreiten und daher mittels Wärmeflussanalyse sichtbar gemacht werden können. Bei Leistungsbauelementen können aufgrund der bereits im Normalbetrieb auftretenden großen Stromdichten und

Verlustleistungen fehlerhafte Baugruppen mit grob auflösenden und ungekühlten Detektoren erkannt werden. Im Gegensatz dazu werden bei der Prüfung von Logik- und Speicher-ICs aufgrund der sehr geringen Verlustleistung und der kleinen Bauteilgröße leistungsfähige, hochauflösende und vorwiegend gekühlte IR-Kameras benötigt, welche erst seit kurzer Zeit verfügbar sind [4].

Zusätzlich muss oftmals die Lockin-Thermografie verwendet werden um die Bauteile nicht durch zu große Leistungen zu zerstören. Bei der Lock-in Technik wird die Betriebsspannung geringfügig periodisch moduliert und die thermische Antwort (IR-Bilder) phasenselektiv ausgewertet. Hiermit ist es möglich geringfügige Erwärmungen von $1\,\mu K$ mit einer Ortsauflösung von bis zu $5\,\mu m$ zu lokalisieren [17].

Die induktiv angeregte Thermografie stellt in dieser Arbeit einen Kernpunkt dar und soll deswegen gesondert betrachtet werden. Für weitere Ausführungen sei auf Kapitel 3.1.2.4 verwiesen.

3.1.2.4 Induktive Anregung

In Abb. 3.8 sind alle Komponenten, die für die induktive Erwärmung eines Bauteils benötigt werden, dargestellt: ein Hochfrequenztransformator, ein Induktor, eine IR-Kamera und ein Bildverarbeitungscomputer, der auch die Steuerung der Prüfung übernimmt [18] [19].

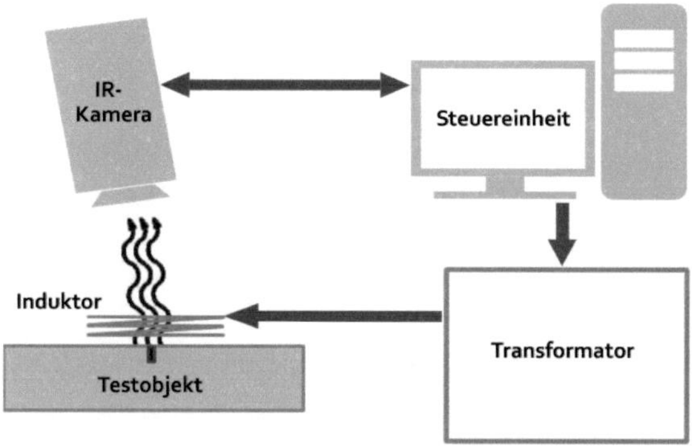

Abb. 3.8: Komponenten für die induktiv angeregte Thermografie zur Oberflächenprüfung

Mithilfe einer Auswertesoftware können anhand der Temperaturverteilung an der Bauteiloberfläche weitere Aussagen über die Fehler gemacht werden [20] [21].

Die gängigen Induktionstransformatoren haben eine Leistung von 1 bis $10\,kW$ und ermöglichen das Arbeiten in einem Frequenzbereich von $1\,kHz$ bis $1\,MHz$. Für einige Anwendungen ist es notwendig, spezielle Geometrien der Spulen zu verwenden, um das Bauteil möglichst homogen anzuregen [22] [23].

Der Vorteil der induktiv angeregten Thermografie im Vergleich zu anderen thermografischen Verfahren ist, dass die Fehler, wie beispielsweise Risse, erheblich schneller im Infrarotbild erkennbar sind. Dies ist darin begründet, dass die Wärme, wie in Abb. 3.9 dargestellt, von der Fehlstelle ausgeht [24].

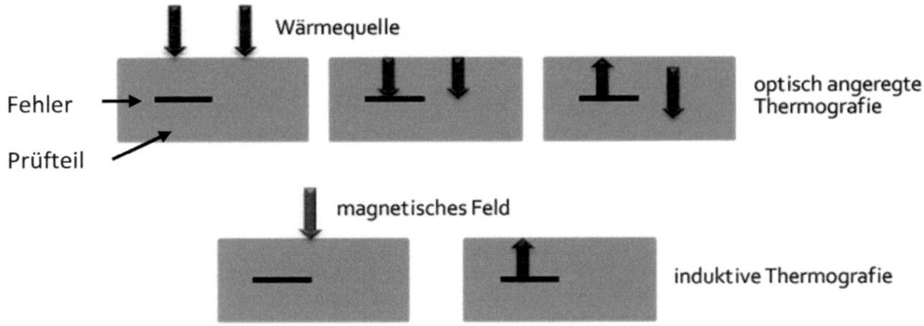

Abb. 3.9: Vergleich der optisch angeregten Thermografie mit der induktiv angeregten Thermografie (nach [13])

Bei anderen Anregungsmethoden geht der thermische Impuls von der Oberfläche des Prüfobjektes aus, wird dann am Fehler reflektiert und anschließend an der Oberfläche sichtbar. Durch den kürzeren thermischen Weg bei der induktiven Anregung sind die Fehler im Infrarotbild klarer abgegrenzt.

Die induktiv angeregte Thermografie basiert auf der magnetischen Induktion, wie sie im Kapitel 3.3 eingeführt wird. Mit einer Induktionsspule, die von einem hochfrequenten Strom durchflossen wird, werden Wirbelströme in das Bauteil induziert. Die Eindringtiefe des magnetischen Feldes und damit der induzierten Wirbelströme, wie in Gleichung (3.45) beschrieben, wird durch das Material sowie durch die Frequenz des magnetischen Wechselfeldes bestimmt. Durch die Fehlstelle im Material werden die induzierten Wirbelströme in ihrer homogenen Ausbreitung gehindert. Somit entsteht in dem elektrisch leitenden Bauteil lokal eine hohe Stromdichte. In den Bereichen mit einer höheren Stromdichte kommt es zu einer erhöhten Wärmeentwicklung. Diese lokale Temperaturveränderung wird mit einer Infrarotkamera aufgenommen, ausgewertet und dokumentiert. Da die Wärmeentwicklung stets an den Fehlstellen des Bauteils entsteht, spricht man auch von einem defektselektiven Verfahren. Wenn sich die Fehlstellen außerhalb der Eindringtiefe der induzierten Wirbelströme befinden, kommt es nicht zu einer lokalen Wärmeentwicklung. Dennoch gibt es die Möglichkeit flächige Fehlstellen nach einem analogen Mechanismus zur optisch angeregten Thermografie zu detektieren [14] [15]. Demnach wird die Bauteiloberfläche kurzzeitig gleichmäßig mit dem Induktionssystem thermisch angeregt. Die Wärme diffundiert somit von der Bauteiloberfläche durch das Material und wird an Fehlstellen zur Oberfläche zurückreflektiert. Bei dieser Vorgehensweise ist es notwendig den Prüfkörper mit einer sehr hohen Anregungsfrequenz und einer hohen Leistung anzuregen um eine scharfe und klar abgegrenzte Erwärmung zu erzeugen. Da diese Verfahrensmethode noch nicht ausreichend erforscht ist, wird sie bislang sehr selten eingesetzt. Außerdem ist diese Inspektionsmethode nur bei verdeckten Fehlern anwendbar [25] [26].

Die Vor- und Nachteile der induktiv angeregten Thermografie zeigt Tabelle 3.3.

Tabelle 3.3: Vor- und Nachteile der induktiv angeregten Thermografie [27] [28]

Vorteile	Nachteile
• Schnelle Ergebnisse (keine vergleichende Messmethode) • Leichte, zuverlässige Erkennbarkeit (da defektselektiv) • Zerstörungsfreies Verfahren • Inlineprüfung möglich • Große Tiefenreichweite • Anwendbar auf verschiedene Materialien (z.B. CFK, Stahl, Al) • Kein Kontakt zum Prüfobjekt erforderlich • Es können keine gerichteten Reflexionen auftreten • Aussage über Tiefenlage	• Notwendige induktive Leistung ist abhängig von der Bauteilgröße • Großes Datenvolumen der Ergebnissequenzen • Großer Rechenaufwand zur automatischen Fehlererkennung • Der Induktor muss so nah wie möglich über der Oberfläche bewegt werden (je nach Prüfanordnung ist ein Nachführsystem erforderlich)

In dieser Arbeit werden zur Oberfläche geöffnete Risse und Nuten betrachtet, die die Ausbreitung der Wirbelströme und somit die Temperaturverteilung an der Oberfläche beeinflussen.

Abb. 3.10 zeigt die am häufigsten bei Produkten des Stranggussverfahrens auftretenden Fehlerarten. Diese Fehler können in horizontale und vertikale Risse unterteilt werden. Ausschlaggebend für die Detektierbarkeit ist, wie tief sich der Fehler im Bauteil befindet [29] [30].

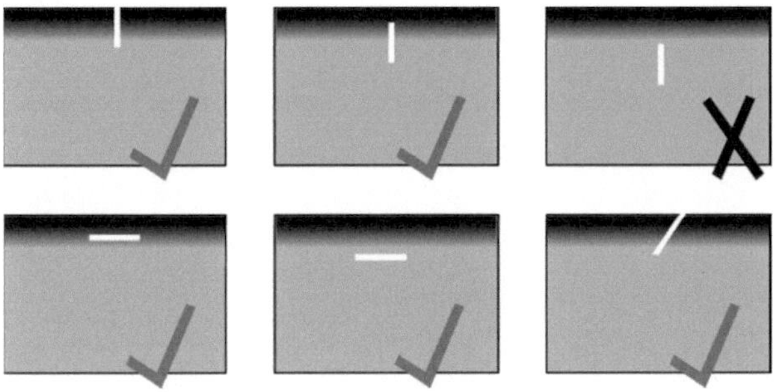

Abb. 3.10: Detektierbarkeit verschiedener Fehlerarten (rot: Wirbelstromeindringtiefe) (nach [10] [31] [32])

Liegt ein Fehler unterhalb der Wirbelstromeindringtiefe (auch Skintiefe genannt), so kann er nur noch durch die Reflexion der thermischen Welle detektiert werden. Die Wärme wird von der Fehlstelle zur Prüfoberfläche reflektiert und dort mit einer Infrarotkamera detektiert. Bei senkrecht zur Prüfoberfläche orientierten Fehlern wie beispielsweise Risse, die vollständig oder zum Teil innerhalb der Wirbelstromeindringtiefe liegen, können durch den bereits beschriebenen Effekt der Wärmeentwicklung durch die höhere Stromdichte in der Fehlerumgebung detektiert werden. Senkrecht orientierte Risse, die unterhalb der Skintiefe liegen, können nicht detektiert werden. Diese Fehler haben keine ausreichend große Oberfläche, die senkrecht zur Prüfoberfläche orientiert ist und die Wärme ausreichend reflektiert. Horizontale Fehler bieten eine hinreichend große Oberfläche, um die Welle so zu reflektieren, dass an der Oberfläche eine klar erkennbare Temperaturverteilung entsteht [33]. Wie bei anderen Thermografieverfahren kann ein Zusammenhang zwischen der Fehleroberfläche und der Fehlertiefe in Gleichung (3.5) angegeben werden. Dieser ist notwendig um thermische Fehlerechos an der Prüfoberfläche zu erkennen.

$$d_{\mathrm{Fehler}} \leq A_{\mathrm{Fehler}} \tag{3.5}$$

Hierbei ist d_{Fehler} die Tiefe des Fehlers unterhalb der Prüfoberfläche und A_{Fehler} die parallel zur Prüfoberfläche liegende Fehleroberfläche [5] [34].

3.1.3 Phasen der aktiven Thermografie

Die zeitliche Betrachtung des Energieeintrags erlaubt eine Unterteilung in pulsförmige, stufenförmige und periodische Anregungssignale. Die Zeitspanne, in der das Bauteil thermisch angeregt wird, kann in drei Bereiche unterteilt werden. Diese Anregungsphasen sind in Abb. 3.11 dargestellt und werden als Aufwärmphase, Haltephase und Abkühlphase bezeichnet.

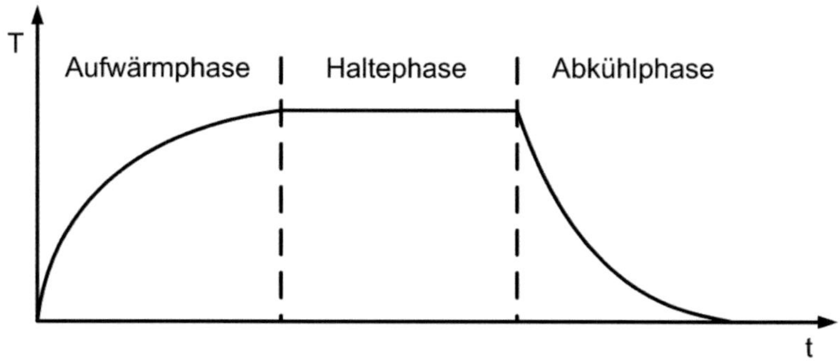

Abb. 3.11: Zeitlicher Verlauf der Anregung

Bei der Pulsthermografie (auch als Impulsanregung bezeichnet) werden alle drei Phasen der Anregung betrachtet. Die Messung wird vor Beginn des Anregungszyklus gestartet und nach der Abkühlphase beendet [13].

Die Stufenaufheizung oder auch Stufenanregung beinhaltet die Aufwärmphase und die Haltephase. Je nach Prüfanforderung wird die Leistung der Anregung schrittweise erhöht und somit die beiden Phasen mehrfach durchlaufen.

Die transiente Thermografie (Abkühlungsthermografie oder auch Cooling Down Thermografie genannt) bezeichnet die thermografische Prüfung in der Abkühlphase. Die Prüfung und Evaluation der Infrarotbilder findet in dieser Phase statt [35].

Die am häufigsten eingesetzte Prüfmethode ist die Untersuchung des Wärmeflusses in einem Bauteil. Sie erlaubt die Prüfung nach Delaminationen und Unterschieden in der lokalen thermischen Leitfähigkeit eines Prüfkörpers. Hierfür wird das Prüfobjekt entweder stufenförmig angeregt und während des Aufwärm- und Halteprozesses untersucht oder es wird das Abkühlverhalten betrachtet [36] [37] [38]. In beiden Fällen werden Inhomogenitäten festgestellt [39]. Deswegen ist es notwendig, eine genaue Kenntnis über die inneren Strukturen des Prüfteils zu haben, da diese den Wärmefluss in erheblichem Maße beeinflussen können.

3.1.4 Anwendungsbeispiele thermografischer Prüfverfahren

Thermografische Methoden werden in passive und aktive Thermografieverfahren unterteilt (Tabelle 3.2). Passiv bzw. aktiv beschreibt hierbei die Art der thermischen Anregung des zu untersuchenden Gegenstandes. Exemplarisch soll an dieser Stelle für die passive Thermografie die Bauthermografie genannt werden, bei der mithilfe einer Thermografiekamera Wärmebrücken im Mauerwerk detektiert werden können (vgl. Abb. 3.12).

Abb. 3.12: Thermografische Abbildung eines Hauses mit Wärmebrücken mittels passiver Thermografie

Die Mauer bzw. das Gebäude wird nicht zusätzlich erwärmt, sondern die Abstrahlung des Objektes selbst sichtbar gemacht. Die erhaltenen Strahlungsbilder stellen das Ergebnis dar. Begründet durch die Einfachheit findet die passive Thermografie zunehmend in der Industrie oder in Fahrerassistenzsystemen in Autos Anwendung [40]. Für die zerstörungsfreie

Werkstoffprüfung ist jedoch die passive Thermografie nur sehr beschränkt einsetzbar, da die Prüfobjekte meist keine Temperaturdifferenz zur Umgebung aufweisen [41].

Um Fehler in der Probe sichtbar zu machen, muss die Probe durch eine Wärmequelle erwärmt werden. Der Energieeintrag kann beispielsweise mittels Wärmeleitung erfolgen. So entsteht ein Wärmefluss innerhalb der Probe, der mit einer Infrarotkamera sichtbar gemacht werden kann und inhomogene Bereiche identifiziert werden können [42].

Abb. 3.13 zeigt als Beispiel einer Prüfung für aktive Thermografie einen CFK-Rennradrahmen. Die Prüfung wurde mit Warmluftanregung durchgeführt. Die Fehlstelle befindet sich an der Verbindungsstelle von Oberrohr und Sattelrohr des Rennradrahmens.

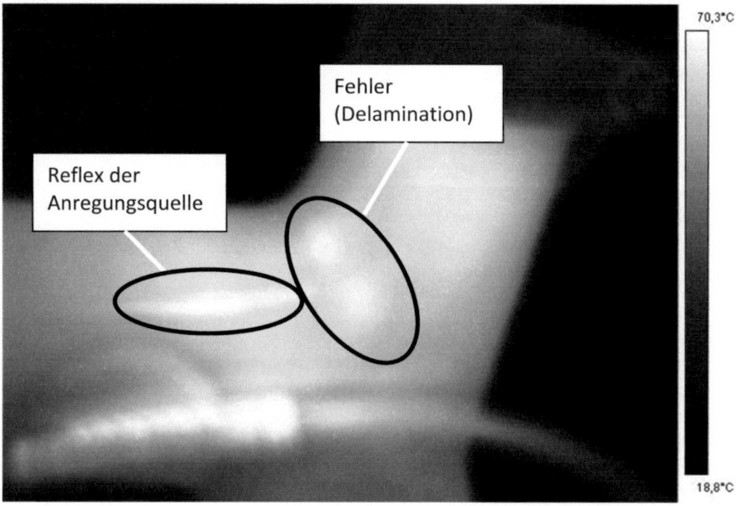

Abb. 3.13: Prüfung eines CFK-Fahrradrahmens mittels aktiver Thermografie mit Warmluftanregung

3.2 Thermische Grundlagen

In diesem Abschnitt werden maßgebende Begriffe erläutert sowie die zugrunde liegenden Gleichungen der erwähnten Effekte genannt.

Hierzu zählen in Hinsicht auf die nummerische Lösung der Wärmeübertragungsaufgaben die Begriffe: Wärmeleitung, Wärmeübergang und Wärmestrahlung. Die physikalischen Grundlagen werden so weit beschrieben, wie sie für das Verständnis dieser Arbeit und der beschriebenen Finite-Elemente-Methoden-Anwendungen notwendig sind.

Die Grundlage der Temperaturfeldberechnungen ist der 1. Hauptsatz der Thermodynamik. Nach diesem Hauptsatz kann bei physikalischen oder technischen Prozessen keine Energie verloren gehen, sondern diese nur ihre Erscheinungsform ändern, d. h. in eine andere Energieform umgewandelt werden. Für ein geschlossenes System, bei dem keine Materie ein- oder ausströmt, kann der erste Hauptsatz wie folgt dargestellt werden [43].

$$E_{th} + W = \Delta U + \Delta E_{kin} + \Delta E_{pot} \tag{3.6}$$

Hier beschreibt E_{th} die thermische und W die mechanische Arbeit, ΔU die Änderung der inneren Energie und ΔE_{kin} und ΔE_{pot} die Änderung der kinetischen und potentiellen Energie. Für viele Anwendungen kann unter der Voraussetzung, dass sich das Bauteil nicht bewegt und somit keine mechanischen Verschiebungen auftreten, der erste Hauptsatz zu

$$E_{th} = \Delta U = Q \tag{3.7}$$

vereinfacht werden. Hieraus folgt, dass von außen zu- oder abgeführte thermische Arbeit nur zu einer Änderung der inneren Energie des Bauteils führt. Wenn ein stationärer Zustand berechnet wird, treten keine Änderungen der Temperaturen und damit keine Änderung der inneren Energie auf. Somit ergibt sich für diesen speziellen Fall, bei dem die zugeführte thermische Arbeit und die abgeführte thermische Arbeit gleich sind: $E_{th} = 0$.
Bei der Betrachtung von zeitlichen Änderungen ergibt sich aus (3.7), dass eine Zu- oder Abfuhr von thermischer Leistung bzw. ein zu- oder abgeführter Wärmestrom $\dot{Q}$ eine zeitliche Änderung der inneren Energie ergibt.

$$\dot{Q} = \frac{\Delta U}{\Delta t} = \frac{dQ}{dt} \tag{3.8}$$

Für die in dieser Arbeit betrachteten Festkörper kann die innere Energie mit

$$\dot{Q} = \frac{\Delta U}{\Delta t} = \frac{m \cdot c_p \cdot \Delta T}{\Delta t} \tag{3.9}$$

dargestellt werden. Hierbei bezeichnet m die thermisch angeregte Masse, c_p die spezifische Wärmekapazität und ΔT die Temperaturdifferenz [43].

Die Wärmestromdichte q berechnet sich mit

$$q = \frac{\dot{Q}}{A} = \frac{1}{A} \cdot \frac{dQ}{dt}. \tag{3.10}$$

A bezeichnet die vom Wärmestrom $\dot{Q}$ senkrecht durchsetzte Fläche.

3.2.1 Wärmeleitung (Konduktion)

Im Hinblick auf die folgend durchgeführten Simulationen ist es sinnvoll, die grundlegenden Mechanismen des Wärmetransportes mathematisch zu beschreiben.

Die Wärmeleitung ist ein physikalischer Effekt, bei dem zwischen benachbarten Molekülen eines Stoffes Schwingungsenergie und kinetische Energie der Leitungselektronen durch Stöße übertragen werden. Dieser Effekt ist nur im Inneren oder an Oberflächen von festen Körpern, die sich direkt berühren, von Bedeutung. In Flüssigkeiten und Gasen überwiegen meistens andere Effekte, beispielsweise die Konvektion [43].

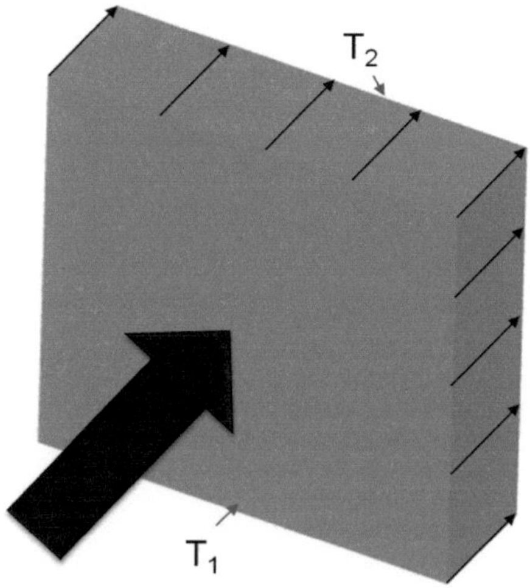

Abb. 3.14: Grafische Darstellung der Wärmeleitung in einem homogenen Körper

Die für die Wärmeleitung maßgebende Stoffeigenschaft ist die Wärmeleitfähigkeit $[\lambda] = \frac{W}{m \cdot K}$. Besonders hohe Werte ergeben sich aufgrund des Energietransports mittels Schwingungsenergieübertragung zwischen Atomrümpfen und durch bewegliche Ladungsträger für Metalle. Bei elektrisch gut leitenden Materialien kann ein Zusammenhang zwischen der Wärmeleitfähigkeit und der elektrischen Leitfähigkeit nach dem Wiedemann-Franzschen-Gesetz angegeben werden.

$$\frac{\lambda}{\sigma} = LT \qquad (3.11)$$

Das empirische Wiedemann-Franzsche-Gesetz beschreibt das Verhältnis zwischen der thermischen Leitfähigkeit λ und der elektrischen Leitfähigkeit σ in einem Metall als nahezu proportional zur Temperatur T. Diese Eigenschaft ist unabhängig von dem betrachteten Metall [44]. L ist hierbei eine Proportionalitätskonstante, die mit Lorenz-Zahl bezeichnet wird.

Generell lässt sich die Temperatur in einem Körper durch eine Funktion $T(x, y, z, t)$, abhängig von Ort und Zeit darstellen. Durch die Zeitabhängigkeit wird der untersuchte Vorgang in stationär bzw. transient eingeteilt. Wenn die Temperatur örtlich nicht gleichmäßig verteilt ist, strömt die Wärme vom Bereich höherer Temperaturen zum Bereich niedrigerer Temperaturen.

Dieser Wärmestrom ist proportional zum örtlichen Gradienten der Temperatur $(-grad\, T)$. Gemäß dieser Definition ist der Gradient in Richtung ansteigender Temperaturen positiv. Der Wärmestrom in ansteigender Richtung ist jedoch entgegengesetzt gerichtet. Der beschriebene Proportionalitätsfaktor ist die Wärmeleitfähigkeit $[\lambda] = \frac{W}{m \cdot K}$. Im Allgemeinen ist dieser von der Temperatur abhängig.

Mathematisch kann die stationäre Wärmeleitung durch eine quasiharmonische Differentialgleichung

$$\frac{\partial}{\partial x}\lambda_x\frac{\partial T}{\partial x} + \frac{\partial}{\partial y}\lambda_y\frac{\partial T}{\partial y} + \frac{\partial}{\partial z}\lambda_z\frac{\partial T}{\partial z} = f(x, y, z) \qquad (3.12)$$

angegeben werden und für den transienten Fall mit einer Zeitabhängigkeit gilt

$$\frac{\partial}{\partial x}\lambda_x\frac{\partial T}{\partial x}+\frac{\partial}{\partial y}\lambda_y\frac{\partial T}{\partial y}+\frac{\partial}{\partial z}\lambda_z\frac{\partial T}{\partial z}=\frac{\partial T}{\partial t}+f(x,y,z)\,. \tag{3.13}$$

Die Wärmeleitfähigkeit des betrachteten Materials in der jeweiligen Raumrichtung wird durch λ_x, λ_y und λ_z beschrieben. T bezeichnet die Temperatur und t die Zeit [45].

Für die folgenden Betrachtungen in Kapitel 5 ist es bei einer FEM-Simulation üblich, die oben aufgeführten Gleichungen in ein Gleichungssystem umzuwandeln. Für die stationäre Betrachtung ergibt sich somit

$$k_{th}\cdot\vec{T}=-\vec{Q} \tag{3.14}$$

und für die transiente Betrachtung

$$c_p\cdot\dot{\vec{T}}+k_{th}\cdot\vec{T}=-\vec{Q} \tag{3.15}$$

mit

$\vec{T}$	Vektor der Temperatur
$\dot{\vec{T}}$	Vektor der ersten zeitlichen Ableitung der Temperatur
c_p	Matrix der Wärmekapazität
k_{th}	Matrix der Wärmeleitfähigkeit
$\vec{Q}$	Matrix der von außen zu- oder abgeführten Wärmeströme.

Der Geltungsbereich der angeführten Gleichungen beschränkt sich auf kleine diskrete Bereiche, wie sie bei einer FEM-Simulation üblich sind [45]. Bei den Umformungen wurde jeweils ein endlicher, örtlich begrenzter Bereich zugrunde gelegt und Übergangsbedingungen zwischen diesen Bereichen berücksichtigt. Einen solchen beschriebenen abgegrenzten Bereich stellt jedes Element dar, aus dem ein FE-Modell besteht. Jedes dieser Elemente hat eine bestimmte Geometrie sowie eine spezifische Wärmekapazität und Wärmeleitfähigkeit. Bei Betrachtung des eindimensionalen Falls und der Vereinfachung der Differentialkomponenten zu Differenzen ergibt sich unter Verwendung der Elementleitfähigkeit k bzw. der Wärmeleitfähigkeit λ des Materials, der Querschnittsfläche A und der Länge L für diesen Bauteilabschnitt

$$\dot{Q} = -k(T_1 - T_2) = \frac{\lambda \cdot A}{L}(T_1 - T_2). \quad (3.16)$$

In den Tabellen (Tabelle 3.8 und Tabelle 3.4) sind exemplarisch spezifische Wärmekapazitäten bei konstantem Druck und Wärmeleitfähigkeiten verschiedener Materialien aufgeführt [45].

Tabelle 3.4: Vergleichswerte der Wärmeleitfähigkeit [1] [4] [11] [43] [46]

Werkstoff	$\lambda \; in \left[\frac{\mathrm{W}}{\mathrm{m \cdot K}}\right]$
Stahl, austenitisch	16,5
Stahl, ferritisch	40
Aluminium	230
Kupfer	383
Beton	0,8 ... 1,4

Die Wärmediffusion bei periodischer Anregung in einem Medium ist stark gedämpft, wobei die Diffusionslänge abhängig von den Materialparametern ist. Die Wärmeleitungsgleichung bei periodischer Anregung ergibt sich zu

$$T(z,t) = T_0 \cdot e^{-\frac{z}{\mu}} \cdot \sin\left(\omega t - \frac{z}{\mu}\right). \quad (3.17)$$

Hierbei ist die thermische Eindringtiefe $\mu = \sqrt{\frac{2 \cdot \lambda}{\rho \cdot c \cdot \omega}}$. Mit hohen Anregungsfrequenzen ist es möglich, die Diffusionslänge stark zu reduzieren und somit den thermischen Aktionsbereich zu begrenzen. Grafisch ist dieser Zusammenhang für Cr-Ni-Stahl (X12CrNi18,8) mit $\mathrm{a} = 3{,}8 \cdot 10 - 6\frac{\mathrm{m^2}}{\mathrm{s}}$, $\mathrm{c_p} = 0{,}5 \cdot 10^3 \frac{\mathrm{J}}{\mathrm{kg \cdot K}}$, $\rho = 7{,}8 \cdot 10^3 \frac{\mathrm{kg}}{\mathrm{m^3}}$, $\lambda = 15\frac{\mathrm{W}}{\mathrm{m \cdot K}}$ in Abb. 3.15 dargestellt.

Die Anregungsfrequenz beträgt $\mathrm{f} = 0{,}5\,\mathrm{Hz}$, die Umgebungstemperatur $\mathrm{T_{raum}} = 300\,\mathrm{K}$ und die Amplitude der Anregung $\Delta\mathrm{T} = 10\,\mathrm{K}$.

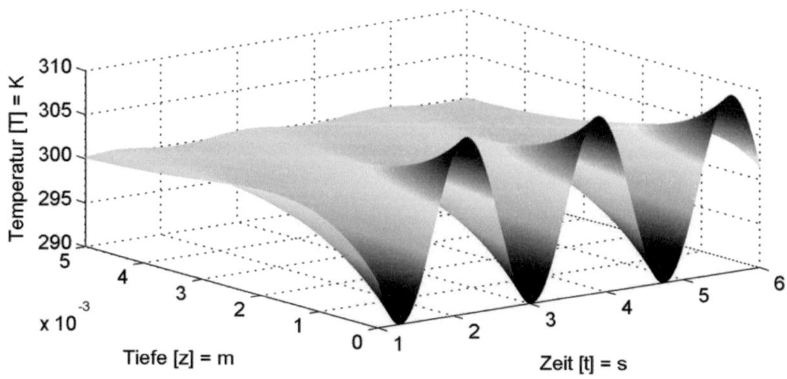

Abb. 3.15: Wärmediffusion bei periodischer Anregung in das Innere des Testobjekts

3.2.2 Wärmeübergang und Konvektion

Als Konvektion wird die Übertragung von Wärme mit Hilfe von Materialtransport in Fluiden oder Gasen bezeichnet. Im Allgemeinen treten durch die Temperaturveränderung im umgebenden Fluid oder Gas Dichteänderungen und demzufolge Auftriebskräfte auf. Wenn dadurch eine Bewegung des Fluids oder Gases entsteht, liegt freie Konvektion vor. Im Gegensatz dazu wird beim Einsatz von Pumpen, Ventilatoren o. ä., die für die Bewegung des umgebenden Mediums maßgebend sind, von erzwungener Konvektion gesprochen.

Für die freie und erzwungene Konvektion ist die Grenzschicht des umgebenden Mediums an der Bauteiloberfläche von Bedeutung.

Bei der freien Konvektion haben die Ausbildung dieser Grenzschicht und die Bewegung des umgebenden Mediums einen maßgeblichen Einfluss auf die Ergebnisse der thermischen Analyse. Die Analyse muss somit das umgebende Medium einbeziehen und über die thermischen Bedingungen hinaus auch fluiddynamische Bedingungen berücksichtigen. Typische Anwendungen der freien Konvektion sind Strukturen, die von einem nur wenig bewegten Medium umgeben sind. Wenn das Medium lokal geringfügig erwärmt wird, ergibt sich ein Dichteunterschied zu Bereichen mit geringerer Temperatur. Dieser Unterschied ist die Ursache für eine Zirkulation [43] [45].

Mathematisch kann die erzwungene Konvektion mit folgender Gleichung dargestellt werden. Hier liegt ein Wärmeübergang an konvektiv umspülten Flächen vor.

$$\dot{Q} = \alpha \cdot A \cdot (T_F - T_O) \tag{3.18}$$

Die Menge der zu- oder abgeführten Wärme ist hierbei im Wesentlichen von der Temperatur des Mediums T_F (Temperatur des Fluids), der Umströmung und dem Wärmeübergangskoeffizienten α abhängig. Weiterhin beschreibt A die Ausdehnung der Oberfläche und T_O die Temperatur der Oberfläche.

In Tabelle 3.5 sind Vergleichswerte für den Wärmeübergangskoeffizienten α aufgeführt [45].

Tabelle 3.5: Vergleichswerte für den Wärmeübergangskoeffizienten [43]

Anwendungsfall (Geschwindigkeit v in $[m/s]$)	$\alpha\ in\ \left[\frac{\mathrm{W}}{\mathrm{m^2 \cdot K}}\right]$
Luft an der Außenseite einer Wand	23
Luft, ruhend, senkrecht zu einer glatten Wand	3,5 ... 35
Luft, mäßig bewegt, senkrecht zu einer glatten Wand	23 ... 70
Luft, kräftig bewegt, senkrecht zu einer glatten Wand	68 ... 290
Luft, mäßig bewegt ($v < 5\ m/s$), längs zu einer glatten Wand	$5{,}7 + 4 \cdot v$
Luft, schnell bewegt ($v > 5\ m/s$), längs zu einer glatten Wand	$7{,}1 \cdot v^{0{,}78}$
Luft, mäßig bewegt ($v < 5\ m/s$), längs zu einer rauen Wand	$6{,}2 + 4{,}2 \cdot v$
Luft, schnell bewegt ($v > 5\ m/s$), längs zu einer rauen Wand	$7{,}5 \cdot v^{0{,}78}$
Strömendes Wasser in Rohren	2300 ... 4700

3.2.3 Wärmestrahlung

Bei der Wärmestrahlung erfolgt die Wärmeübertragung durch elektromagnetische Wellen, vorwiegend aus dem sichtbaren und infraroten Wellenlängenbereich.

Das für die Wärmestrahlung maßgebende Gesetz ist das Stefan-Boltzmann-Gesetz (3.3), das die physikalischen und geometrischen Einflüsse zusammenfasst und den Wärmestrom durch Wärmestrahlung beschreibt. Mathematisch kann der Wärmestrom zwischen zwei Flächen (A_1 und A_2) mit

$$\dot{Q} = A_1 \cdot F_{12} \cdot \varepsilon_1 \cdot \sigma \cdot (T_1^4 - T_2^4) \tag{3.19}$$

beschrieben werden, wobei $\mathrm{A_1}$ die Fläche des Strahlers, $\mathrm{F_{12}}$ der Formfaktor zwischen den Flächen 1 und 2 und ε_1 der Emissionsgrad der Fläche 1 ist. Die Temperaturen $\mathrm{T_1}$ und $\mathrm{T_2}$

beziehen sind Temperaturangaben in Kelvin und σ bezeichnet die Stefan-Boltzmann-Konstante mit $\sigma = 5{,}67 \cdot 10^{-8} \frac{W}{m^2 K^4}$. Der Formfaktor beschreibt die geometrischen Bedingungen zwischen Strahler und Empfänger, die maßgeblich durch die Orientierung oder Neigung beider Flächen zueinander und dem Raumwinkel, den der Empfänger vom Sender aus gesehen einnimmt, beeinflusst werden [43]. Für zwei parallele Flächen kann der Strahlungsaustauschkoeffizient $C_{12} = F_{12} \cdot \varepsilon_1 \cdot \sigma$ mit $C_{12} = \frac{\sigma}{\frac{1}{\varepsilon_1} + \frac{1}{\varepsilon_2} - 1}$ angegeben werden. Der Formfaktor gibt an, welcher Teil der von Fläche 1 abgegebenen Strahlung auf Fläche 2 auftrifft. Für komplizierte Anordnungen werden die Faktoren durch nummerische Berechnungen (ray tracing) oder Experimente ermittelt [14].

In Tabelle 3.6 sind beispielhaft einige Formfaktoren nach [43] angegeben.

Tabelle 3.6: Beispielhafte Strahlungsaustauschkoeffizienten zur Berechnung des Wärmestroms bei Wärmestrahlung

Geometrie	Strahlungsaustauschkoeffizient
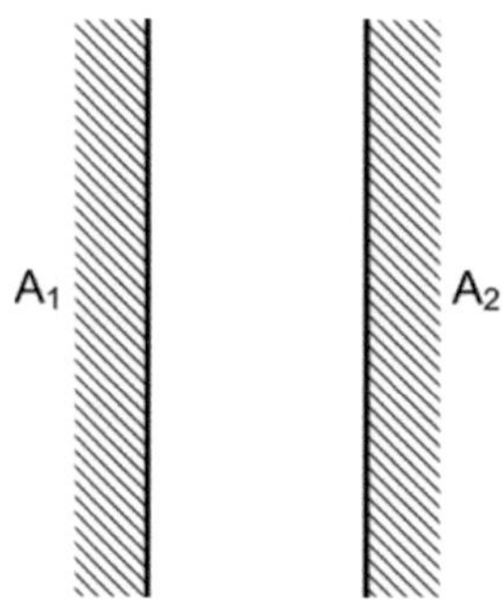	Parallele Flächen $C_{12} = \frac{\sigma}{\frac{1}{\varepsilon_1} + \frac{1}{\varepsilon_2} - 1}$
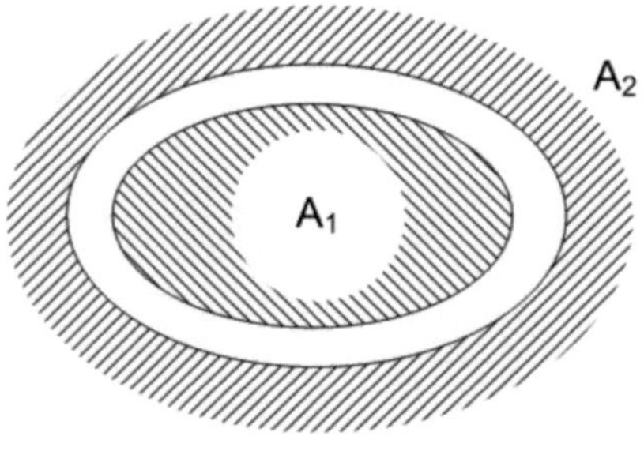	Konvexe Fläche A_1 von konkaver Fläche A_2 umschlossen $C_{12} = \frac{\sigma}{\frac{1}{\varepsilon_1} + \frac{A_1}{A_2}\left(\frac{1}{\varepsilon_2} - 1\right)}$

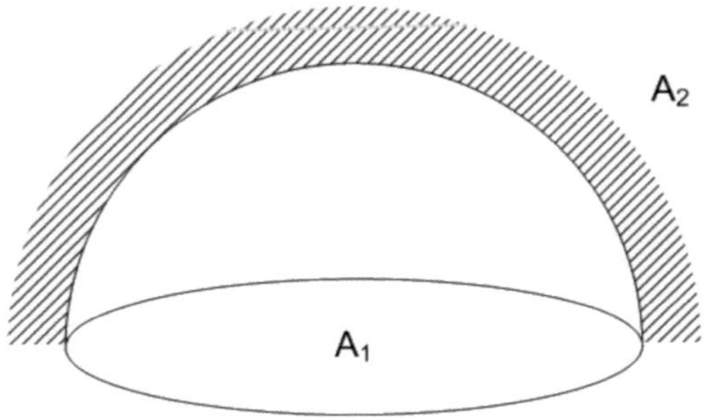

Halbraum A_2 über ebener Fläche A_1

$$C_{12} = \frac{\varepsilon_1 \varepsilon_2 \sigma}{1 - \frac{1}{2}(1 - \varepsilon_1)(1 - \varepsilon_2)}$$

3.3 Elektromagnetische Grundlagen

Die induktive Erwärmung ist ein Prozess, der vorwiegend zur Wärmebehandlung, zum Schmelzen und Schweißen von Metallen verwendet wird [47]. Die Erwärmung erfolgt durch Wirbelströme im Material, wenn man es einem wechselnden Magnetfeld aussetzt. Die Jouleschen Verluste, die durch die Wirbelströme verursacht werden, erwärmen das Material von innen heraus.

Die Induktion zur thermischen Anregung von elektrisch leitenden Materialien hat den Vorteil, dass sie sehr schnell, kontaktlos und einfach automatisierbar ist [48] [49]. Es ist somit möglich, ein Werkstück innerhalb von wenigen Millisekunden thermisch anzuregen. Die eingebrachte thermische Energie beschränkt sich weiterhin nur auf den Aktionsbereich der Induktionsspule. Der Aktionsbereich kann über die Größe oder Form der Spule verändert werden [50] [51]. Durch die kurze Anregungszeit wird zusätzlich der Temperaturausgleich durch Wärmeleitung mit anderen Regionen des Bauteils eingeschränkt. Da die Wärme direkt im Material erzeugt wird, benötigt man keine weitere externe Wärmequelle [52] [53].

In der zerstörungsfreien Prüftechnik gilt die induktiv angeregte Thermografie durch die neuen technischen Möglichkeiten als sehr innovativ und bietet großes Forschungspotential. Daher wird sie immer häufiger in der Industrie eingesetzt.

3.3.1 Frequenzabhängige Einteilung der elektromagnetischen Felder

Elektromagnetische Felder werden in der Elektrotechnik in Abhängigkeit ihrer Frequenz in drei Bereiche unterteilt. Diese Unterteilung ist in Abb. 3.16 ersichtlich.

Für niederfrequente Felder können näherungsweise statische Bedingungen angenommen werden. Für hochfrequente Felder hingegen werden Wellengleichungen zur Beschreibung herangezogen [48] [54].

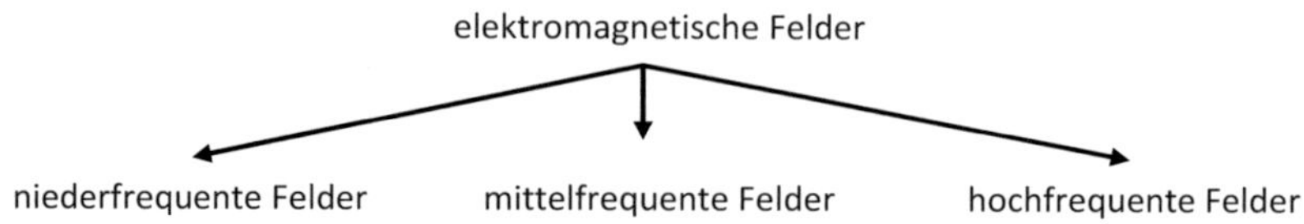

Abb. 3.16: Unterteilung elektromagnetischer Felder [55]

Der für diese Arbeit interessante Frequenzbereich mittelfrequenter Felder umfasst Frequenzen von wenigen $100\,Hz$ bis hin zu einigen MHz [56]. Dieser Bereich wird vorwiegend für thermische Behandlungen von Bauteilen wie beispielsweise beim Induktionshärten verwendet [4] [57] [58]. Auch die Wirbelstromprüfung, ein weit verbreitetes und bereits etabliertes zerstörungsfreies Prüfverfahren, arbeitet in diesem Frequenzbereich [59] [60].

Für die weiteren Betrachtungen ist es notwendig, ein analytisches Verständnis der Zusammenhänge zu haben, welche die Verteilung von Wirbelströmen und Stromdichten im zu prüfenden Werkstück bei induktiver Anregung einschließt. Daher soll an dieser Stelle eine kurze Einführung in die Theorie der elektromagnetischen und thermischen Felder gegeben werden.

3.3.2 Mathematische Beschreibung elektromagnetischer Felder

Eine grundlegende Beschreibung des Induktionsvorgangs, wie er bei der induktiv angeregten Thermografie oder bei der Wirbelstromprüfung Anwendung findet, kann mit den Maxwell-Gleichungen vorgenommen werden. Die vier Maxwell-Gleichungen setzen sich aus den beiden Gaußschen Gesetzen (3.20) und (3.21), dem Faradayschen Gesetz (3.22) und dem Ampèreschen Gesetz (3.23) zusammen [61] [62]:

$$div\,\vec{D} = \rho\,, \tag{3.20}$$

$$div\,\vec{B} = 0\,. \tag{3.21}$$

Gleichung (3.20) beschreibt hier, dass die Raumladungsdichte ρ die Quelle der Verschiebungsstromdichte $\vec{D}$ ist. Das zweite Gaußsche Gesetz (3.21) sagt hingegen aus, dass das magnetische Feld bzw. die magnetische Stromdichte quellenfrei ist und es keine magnetischen Monopole gibt [48]:

$$rot\,\vec{E} + \frac{\partial \vec{B}}{\partial t} = 0\,. \tag{3.22}$$

Das Faradaysche Gesetz (3.22), auch oft als Induktionsgesetz bezeichnet, sagt aus, dass die Wirbel des elektrischen Feldes $\vec{E}$ durch eine zeitliche Änderung des magnetischen Feldes bedingt sind. Zusätzlich kann mit dieser Gesetzmäßigkeit beschrieben werden, dass jede Änderung des magnetischen Feldes $\vec{B}$ ein elektrisches Gegenfeld verursacht [48]:

$$rot\,\vec{H} - \frac{\partial \vec{D}}{\partial t} = \vec{J}\,. \tag{3.23}$$

Das Ampèrsche Gesetz (3.23) beschreibt, dass die Wirbel des Magnetfeldes von der elektrischen Stromdichte $\vec{J}$ und der elektrischen Flussdichte $\vec{D}$ abhängen.
Im mittleren Frequenzbereich kann die Verschiebungsstromdichte vernachlässigt werden. Demzufolge vereinfacht sich (3.23) zu

$$rot\,\vec{H} \approx \vec{J}\,. \tag{3.24}$$

Weiterhin werden für die Beschreibung der elektromagnetischen Felder, wie sie bei der induktiv angeregten Thermografie vorliegen, folgende Zusammenhänge benötigt. Für metallische Werkstoffe gilt im Allgemeinen, dass sie homogen und isotrop sind. Demzufolge kann mit Gleichung (3.25) ein linearer Zusammenhang zwischen elektrischer Feldstärke und Verschiebungsstromdichte angegeben werden [48]:

$$\vec{D} = \varepsilon_0 \cdot \varepsilon_r \cdot \vec{E} = \varepsilon \cdot \vec{E}\,. \tag{3.25}$$

Der Proportionalitätsfaktor ε setzt sich aus der Dielektrizitätskonstante ε_0 und der relativen Permittivität ε_r zusammen.

Mit Einschränkung kann auch der Zusammenhang zwischen magnetischer Feldstärke und magnetischer Flussdichte mit der absoluten Permeabilität μ_0 und der stoffspezifischen relativen Permeabilität μ_r als linearer Proportionalitätsfaktor angegeben werden (Gleichung (3.26)). Es sei jedoch an dieser Stelle darauf hingewiesen, dass die Permeabilität nicht linear ist und sich in Abhängigkeit der Feldstärke ändert. Diese Abhängigkeit ist werkstoffspezifisch und folgt einer Hysteresekurve [48]:

$$\vec{B} = \mu_r \cdot \mu_0 \cdot \vec{H} \,. \tag{3.26}$$

Aufgrund des Ohmschen Gesetzes folgt weiterhin der lineare Zusammenhang zwischen der elektrischen Feldstärke $\vec{E}$ und der Stromdichte $\vec{j}$ zu

$$\vec{j} = \sigma \cdot \vec{E}. \tag{3.27}$$

Wobei σ die elektrische Leitfähigkeit des isotropen Materials ist [48].

Im Folgenden werden die Differentialgleichungen der magnetischen Feldstärke und des elektrischen Feldes aufgestellt. Hierzu werden das Faradaysche und das Ampèresche Gesetz auf den quasistationären Fall angepasst und man erhält Gleichung (3.28) und (3.29).

$$rot\, \vec{E} = -\mu \frac{\partial \vec{H}}{\partial t} \tag{3.28}$$

$$rot\, \vec{H} = \sigma \vec{E} \tag{3.29}$$

Weiterhin gelten die Ergänzungsgleichungen $div\, \vec{E} = 0$ und $div\, \vec{H} = 0$ sowie die Annahme, dass die Leitfähigkeit sowie die magnetische Permeabilität μ des Leiters konstant sind. Jetzt wird die Rotation beider Seiten von Gleichung (3.28) und (3.29) gebildet. Unter Berücksichtigung, dass $rot\, rot\, \vec{H} = grad\, div\, \vec{H} - \Delta \vec{H}$ und $div\, \vec{H} = 0$ ist, ergibt sich für die elektrische Feldstärke $\vec{E}$

$$\Delta \vec{E} = \mu \sigma \frac{\partial \vec{E}}{\partial t} \tag{3.30}$$

und für die magnetische Feldstärke $\vec{H}$

$$\Delta\vec{H} = \mu\sigma\frac{\partial\vec{H}}{\partial t}. \tag{3.31}$$

Diese Gleichungen werden auch als Diffusionsgleichungen der elektromagnetischen Felder bezeichnet [48]. Diese Gleichungen bilden die Grundlage für die nachfolgenden Betrachtungen, bei denen sich ein homogener, elektrisch leitender Körper in einem elektromagnetischen Feld befindet.

3.3.3 Magnetfeldberechnung einer Zylinderspule

Zur Berechnung des Magnetfeldes eines idealen linienhaften Leiters soll an dieser Stelle das Durchflutungsgesetz (3.32) herangezogen werden. Dieses Gesetz stellt eine Beziehung zwischen dem Strom I, der durch einen Leiter v fließt, und dem Umlaufintegral der magnetischen Feldstärke dar. Bei einfachen Anordnungen kann mit Hilfe von Symmetriebetrachtungen der Feldlinienverlauf der Feldstärke angegeben und so auf diesen Linien abschnittsweise die magnetische Feldstärke berechnet werden [48] [50]:

$$\oint \vec{H}\cdot d\vec{s} = \sum I_v. \tag{3.32}$$

Für den Fall eines unendlich langen, geraden Stromleiters, der von einem Strom I durchflossen wird, ergibt sich in einem Abstand r vom Leiter der Betrag der magnetischen Feldstärke

$$H = \frac{I}{2\pi r}. \tag{3.33}$$

Die Feldlinien um diesen Leiter können als konzentrische Kreise dargestellt werden. Um nun das Magnetfeld einer langen Zylinderspule mit N Windungen, wie in folgender Abbildung (Abb. 3.17) dargestellt, zu berechnen, wird die Feldstärke entlang dem eingezeichneten Weg bestimmt und es ergeben sich folgende Teilintegrale [48]:

$$\oint \vec{H} \cdot d\vec{s} = \int_{ABC} H_{innen}\, ds + \int_{CDA} H_{außen}\, ds\,. \tag{3.34}$$

Unter der Annahme, dass bei langen Spulen die Feldstärke im Inneren viel größer ist als in der Umgebung der Spule kann $H_{außen}$ vernachlässigt werden. Demzufolge ergibt sich näherungsweise

$$\oint \vec{H} \cdot d\vec{s} \approx \int_{ABC} H_i\, ds = I \cdot N\,. \tag{3.35}$$

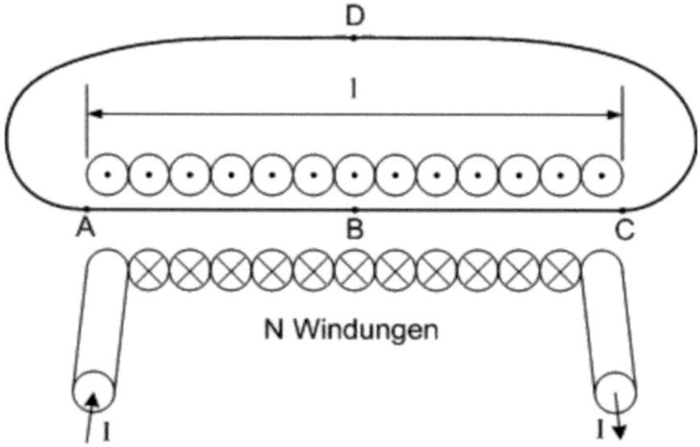

Abb. 3.17: Schematische Darstellung einer Zylinderspule mit eingezeichnetem Integrationspfad (A-B-C-D)

Zur Berechnung der magnetischen Feldstärke eines ringförmigen Leiters kann das Biot-Savartsche Gesetz genutzt werden. Dieses Gesetz erlaubt die Berechnung der magnetischen Feldstärke in einem Punkt außerhalb eines beliebig gekrümmten Stromfadens und kann mit

$$\vec{H} = \frac{I}{4\pi} \cdot \oint \frac{d\vec{s} \times \vec{r}}{r^3} \tag{3.36}$$

angegeben werden [48]. Wie aus Abb. 3.18 ersichtlich, bezeichnet $d\vec{s}$ ein differentielles Stück der Leiterschleife, $\vec{r}$ ist der Vektor zwischen der Schleife und dem betrachteten Punkt und I bezeichnet den Betrag des Stromes im Leiter [48] [50]. Jetzt kann die magnetische Feldstärke, wie in folgender Abbildung gezeigt, längs der Achse einer Leiterschleife berechnet werden.

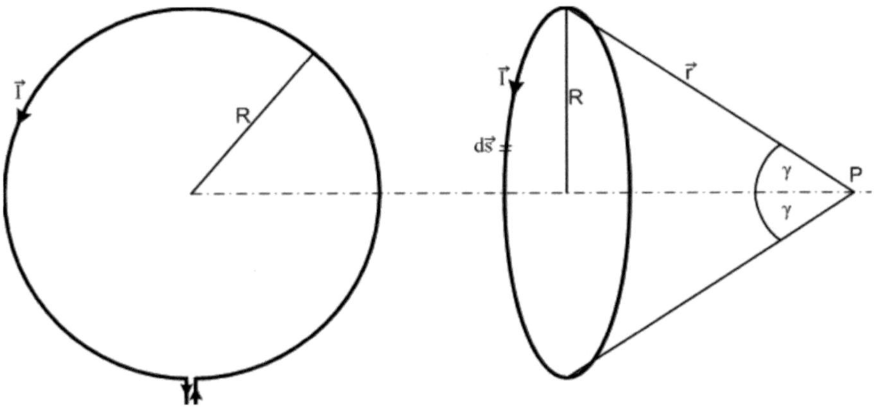

Abb. 3.18: Darstellung zur Berechnung der magnetischen Feldstärke einer Leiterschleife

Für die Berechnung soll an dieser Stelle auf eine vektorielle Darstellung verzichtet werden. Somit ergibt sich nach Integration über zwei Halbkreise

$$|\vec{H}| = \frac{2I}{4\pi}\int_0^{\pi R}\frac{\sin^3\gamma \cdot ds}{R^2} = \frac{I}{2R}\sin^3\gamma. \tag{3.37}$$

Für einen Spezialfall, dass das Feld innerhalb der Leiterschleife gesucht wird, kann in Gleichung (3.37) $\gamma = \frac{\pi}{2}$ gesetzt werden und man erhält

$$|\vec{H}| = \frac{I}{2R}. \tag{3.38}$$

Das Magnetfeld kann somit für beliebige Spulenanordnungen mittels Superposition berechnet werden [48]. Eine Induktionsspule (auch Induktor genannt) kann daher rechnerisch aus mehreren einfachen Leiterschleifen – wie oben beschrieben – bestehen, deren Magnetfelder überlagert werden. Jede Leiterschleife befindet sich entlang einer Achse auf einer bestimmten Position im Raum und besitzt dadurch einen unterschiedlichen Abstand zum betrachteten Punkt.

Mithilfe dieser Verfahrensweise kann sehr einfach näherungsweise das magnetische Feld in einem Punkt berechnet werden.

3.3.4 Stromdichteverteilung induzierter Wirbelströme

Ausgangspunkt für die mathematische Beschreibung bilden die in Abschnitt 3.3.2 beschriebenen Maxwellschen Gleichungen (3.20), (3.21), (3.22), (3.23) und die hergeleiteten Diffusionsgleichungen (3.30), (3.31). Die für die nachfolgenden Angaben benötigten Koordinatenachsen sind so definiert, dass die z-Achse, wie in Abb. 3.19 dargestellt, in das Innere des Leiters zeigt.

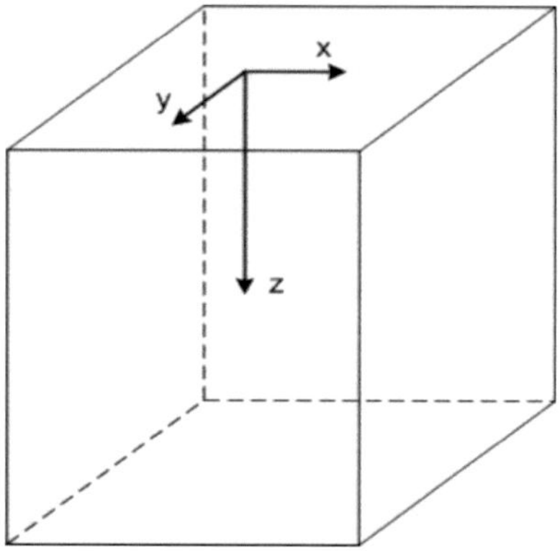

Abb. 3.19: Definition der Koordinatenachsen für die nachfolgenden Betrachtungen

Unter der Voraussetzung, dass die Feldstärke nur eine x-Komponente besitzt und somit keine Änderungen in x- und y-Richtung auftreten ($\frac{\partial}{\partial x} = \frac{\partial}{\partial y} = 0$), kann die erste Maxwellsche Gleichung zu

$$-\frac{\partial H}{\partial z} = \sigma E \tag{3.39}$$

umgeschrieben werden [48]. Nach der Einführung der komplexen Schreibweise der Feldgrößen mit der Frequenz ω

$$E_x(z,t) = E(z)\, e^{j\omega t} \tag{3.40}$$

$$H_y(z,t) = H(z)\, e^{j\omega t} \tag{3.41}$$

lässt sich die Differentialgleichung (3.31) lösen und mittels (3.39) ein Ausdruck für die Feldstärke angeben [48]. Es folgt somit für die elektrische Feldstärke

$$E_x = E_0 \, e^{-kz} e^{-j(\omega t - kz)} , \tag{3.42}$$

wobei $k = \sqrt{\frac{\omega \mu \sigma}{2}}$ ist. Für die magnetische Feldstärke gilt $H = -\int \sigma E \, dz + C$. Somit ergibt sich

$$H_y = \frac{\sigma E_0}{(1+j)k} e^{-kz} e^{-j(\omega t - kz)} . \tag{3.43}$$

Aus der Gleichung (3.42) folgt, dass sich die Phase der elektrischen Feldstärke im Inneren des Leiters bei steigendem z ändert [48]. Da die Stromdichte über die Beziehung $J = \sigma E$ mit der Feldstärke verknüpft ist, ändert sich diese somit auch.

$$J_x = \sigma E_0 \, e^{-kz} \, e^{j(wt - kz)} . \tag{3.44}$$

In Abb. 3.20 ist die elektrische Feldstärke zu verschiedenen Zeitpunkten im Inneren eines isotropen Leiters dargestellt [48] [50].

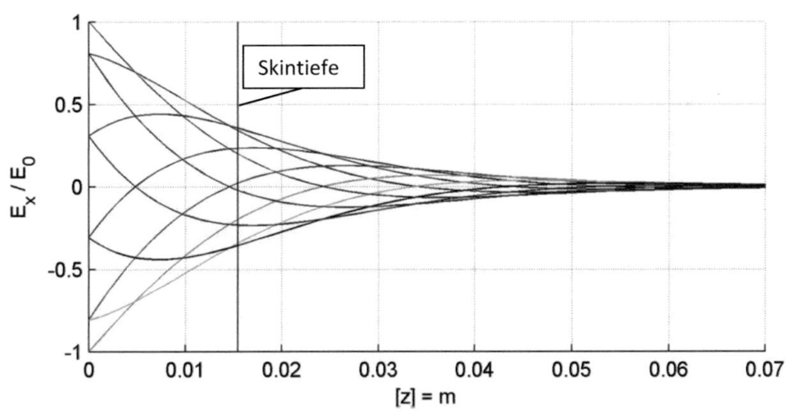

Abb. 3.20: Verteilung der elektrischen Feldstärke zu unterschiedlichen Zeitpunkten in Kupfer

Zusätzlich ist in dieser Darstellung die Eindringtiefe des elektrischen Feldes bzw. der induzierten Wirbelströme (auch Skintiefe genannt) eingezeichnet.

3.3.5 Elektromagnetische Effekte

Bei der Induktion gibt es elektromagnetische Effekte, die in elektrisch leitenden Werkstoffen auftreten. Da diese oftmals einen erheblichen Einfluss auf die Prüfung haben, sollen sie an dieser Stelle kurz behandelt werden.

3.3.5.1 Skin-Effekt

Der Skin-Effekt tritt bei elektromagnetischen Wechselfeldern auf und bewirkt, verglichen mit den oberflächennahen Randbereichen eines Leiters, die Verringerung der Stromdichte im Inneren des Leiters durch die entgegengesetzten Richtungen des Stromvektors und des Vektors der induzierten Feldstärke [50].

Gleichung (3.42) hat bereits die exponentielle Verringerung der elektrischen Feldstärke in z-Richtung zum Inneren des Leiters gezeigt. Für die Abnahme der Feldstärke ist der Faktor

$$\delta = \sqrt{\frac{2}{\omega \mu \sigma}} = \frac{1}{\sqrt{\pi f \mu \sigma}}, \tag{3.45}$$

die Wirbelstromeindringtiefe, kennzeichnend. Sie beschreibt die Tiefe im Leiter, bei der die Feldstärke auf den 1/e-ten Teil (36,9 %) der Ausgangsgröße abgefallen ist.

Da die Eindringtiefe materialabhängig ist, sind in Tabelle 3.7 exemplarisch für ausgewählte Materialien einige Eindringtiefen angegeben.

Zusätzlich ist in Abb. 3.21 die Frequenzabhängigkeit der Eindringtiefe für Kupfer, ferritischen und austenitischen Stahl sowie Roheisen gegenübergestellt.

Man sieht, dass für Wechselströme bis 50 Hz die Eindringtiefe in der Größenordnung von wenigen Zentimetern liegt und für hohe Frequenzen wie z. B. bei Rundfunkfrequenzen lediglich einen 1/100-Millimeter beträgt. Das bedeutet für die induktiv angeregte Thermografie, dass sich die Ausbreitung der induzierten Wirbelströme in Abhängigkeit der Materialeigenschaften ändert. Der resultierende Temperaturverlauf an der Bauteiloberfläche ist somit ebenfalls materialabhängig.

Tabelle 3.7: Nach Gleichung (3.45) berechnete Eindringtiefen verschiedener Materialien in Abhängigkeit der Frequenz

Material	50 Hz	1 kHz	100 kHz
Kupfer (UNS C81100)	$9{,}7332 \cdot 10^{-3} m$	$2{,}1764 \cdot 10^{-3} m$	$2{,}1764 \cdot 10^{-4} m$
Technisches Eisen ($\mu_r = 250$; $\sigma = 10.02 \cdot 10^6$)	$1{,}4221 \cdot 10^{-3} m$	$3{,}1799 \cdot 10^{-4} m$	$3{,}1799 \cdot 10^{-5} m$
Stahl ferritisch (EN 1.4523)	$2{,}2508 \cdot 10^{-3} m$	$5{,}0329 \cdot 10^{-4} m$	$5{,}0329 \cdot 10^{-5} m$
Stahl austenitisch (X10CrNi18-8; EN 1.4310)	$6{,}0095 \cdot 10^{-2} m$	$1{,}3438 \cdot 10^{-2} m$	$1{,}3438 \cdot 10^{-3} m$

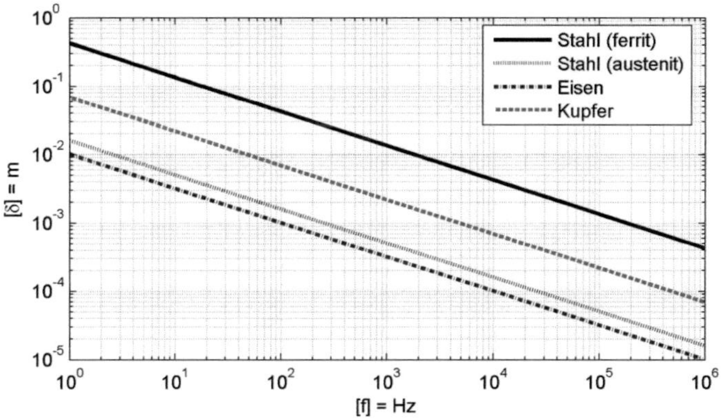

Abb. 3.21: Berechnete Abhängigkeit der Eindringtiefe von der Anregungsfrequenz in unterschiedlichen Materialien

3.3.5.2 Proximity-Effekt

Neben dem Skin-Effekt, der den Abfall der Stromdichte zum Inneren des Leiters beschreibt, drückt der Proximity-Effekt die Stromdichteverteilung an der Oberfläche aus. Dieser Effekt ist abhängig von der Beschaffenheit des externen Magnetfeldes eines Leiters und somit von der Form des Induktors, von der Anzahl der Windungen und vom Abstand zwischen einem Induktor und einer elektrisch leitenden Oberfläche [4] [48]. Er beschreibt das Verhalten der Stromverdrängung in elektrisch leitfähigen Materialien, durch die ein Strom in unterschiedlichen Richtungen fließt.

Zur Beschreibung dieses Effekts soll der einfachste Fall, eines runden unendlich langen Induktors - eines Drahtes - berechnet werden, der sich im Abstand h über einer elektrisch leitenden Oberfläche befindet. Durch diesen Induktor fließt ein Strom I und es wird nach dem Durchflutungsgesetz im Abstand r ein magnetisches Feld nach der Gleichung (3.31) erzeugt. Dieser geometrische Zusammenhang ist auch grafisch in Abb. 3.22 dargestellt.

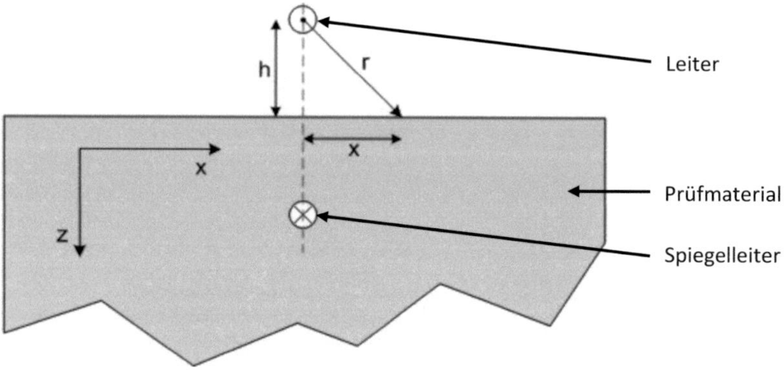

Abb. 3.22: Modell zur Beschreibung des Proximity-Effekts

Der Abstand r ergibt sich somit zu $r = \sqrt{h^2 + x^2}$.

In der Elektrotechnik wird zur Berechnung dieses Falls ein zweiter elektrischer Leiter eingeführt, der sich im Abstand $2h$ vom ersten Leiter befindet (Spiegelprinzip). Dieser zusätzliche Leiter wird von einem Strom I in entgegengesetzter Richtung durchflossen. Um sicherzustellen, dass der betrachtete Körper nicht teiltransparent für das magnetische Feld ist, wird angenommen, dass die Dicke des Körpers größer als die Eindringtiefe des Feldes ist. Für typische Anregungsfrequenzen der Induktionsthermografie von $f \geq 10\ kHz$ (vgl. Abb. 3.21) ist dies zulässig. Das von dem Leiter und dem Spiegelleiter hervorgerufene Magnetfeld entspricht außerhalb des Körpers

$$H_0(y) = \frac{I}{\pi} \frac{h}{h^2 + x^2}. \tag{3.46}$$

Die vorliegende magnetische Feldstärke ist in folgender Abbildung (Abb. 3.23) entlang der Oberfläche des metallischen Körpers aufgetragen.

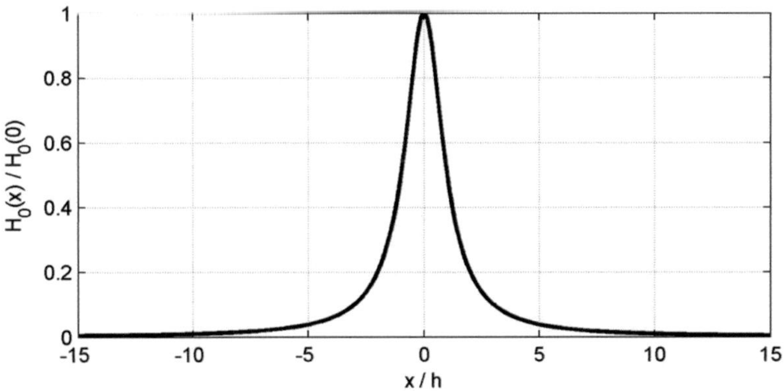

Abb. 3.23: Berechnete magnetische Feldstärke entlang der Oberfläche eines metallischen Körpers

Abb. 3.23 zeigt auch, dass das Magnetfeld unter dem Induktor sehr groß ist und neben dem Induktor sehr schnell abnimmt.

Für den Fall, dass die Annahme eines ausreichend dicken Körpers nicht gilt, muss der Spiegelleiter geschwächt werden. Somit kann das Feld den Körper teilweise durchdringen.

Die durch den Proximity Effekt beschriebene gegenseitige Beeinflussung der Stromdichteverteilung in einem elektrisch leitenden Körper, der sich in einem elektromagnetischen Wechselfeld befindet, kann daher zur Betrachtung der induzierten Wirbelströme herangezogen werden. Die Wirbelströme fließen somit vorwiegend an der dem anderen Leiter zugewandten Seite [63].

3.3.6 Temperaturverteilung an der Bauteiloberfläche

Um die Temperaturverteilung an der Bauteiloberfläche berechnen zu können, ist es notwendig, zuerst den Gesamtstrom, der in das Bauteil induziert wird, zu berechnen. Anhand des Stromes kann dann die eingebrachte Leistung und schlussendlich eine mittlere Temperaturdifferenz angegeben werden.

Für die weiteren Betrachtungen wird das in der folgenden Darstellung (Abb. 3.24) gezeigte Leiterstück verwendet. Das Leiterstück entspricht einem Teil des Gesamtleiters das in x-Richtung und in y-Richtung gemessen zur Vereinfachung 1 m breit ist. Es wird hier angenommen, dass die ebene elektromagnetische Welle auf die in der x-y-Ebene liegende

Fläche trifft und sich in z-Richtung im Leiter ausbreitet. Die folgenden Berechnungen beziehen sich auf die in der x-y-Ebene liegende Fläche des betrachteten Leiterstücks.

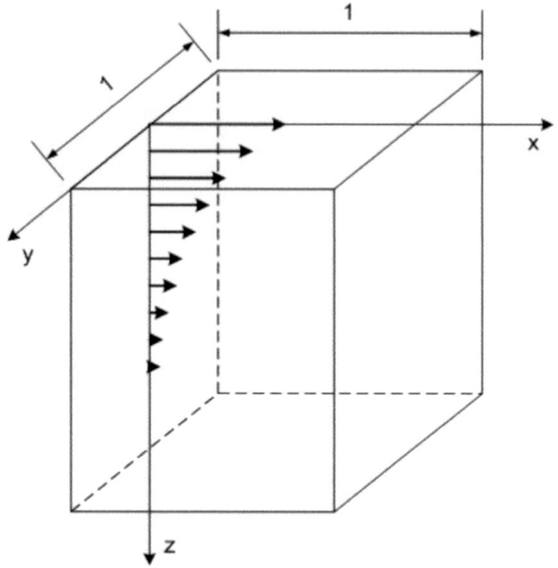

Abb. 3.24: Modell zur Berechnung des Gesamtstroms und der Gesamtverluste

Für diese Rechnung ist es notwendig, dass der Durchmesser des untersuchten Leiters groß im Verhältnis zur Eindringtiefe ist [48].

Die Stromstärke ergibt sich mit Gleichung (3.44) zu

$$\hat{I} = \int_0^\infty J\,dz = \frac{\sigma E_0}{(1+j)k} \tag{3.47}$$

und die Amplitude zu

$$|\hat{I}| = \frac{\sigma E_0}{\sqrt{2}k}\,. \tag{3.48}$$

Um nun die in den Körper eingebrachte Leistung zu berechnen, wird die bei $z = 0$ durch die x-y-Ebene einströmende Leistung mithilfe des Poyntingvektors

$$P = |\vec{S}| = \frac{1}{2} Re(E\ H)_{z=0} \tag{3.49}$$

bestimmt [48] [50]. Nach Einsetzen von (3.42) und (3.43) in (3.49) ergibt sich

$$P = \frac{\sigma E_0^2}{2k}\ Re\left(\frac{1}{1-j}\right) = \frac{\sigma E_0^2}{4k}. \tag{3.50}$$

An dieser Stelle soll festgehalten werden, dass es sich hier um einen zeitlichen Mittelwert der Leistung handelt [64]. Dieselbe Leistung kann auch erhalten werden, wenn aus der Stromdichte im betrachteten Volumen die entsprechend in Wärme umgewandelte Energie berechnet wird. Die Amplitude der Stromdichte ergibt sich mit $k = \sqrt{\frac{\omega\mu\sigma}{2}}$ zu

$$|J| = \sigma E_0\ e^{-kz}. \tag{3.51}$$

Daraus resultiert die Leistung

$$P = \frac{1}{2}\int_0^\infty \frac{|J|^2}{\sigma}\ dz = \frac{1}{2}\int_0^\infty \sigma E_0^2\ e^{-2kz}\ dz = \frac{\sigma E_0^2}{4k}. \tag{3.52}$$

Ebenso ist der Weg über $P = \frac{1}{2}\left|\hat{I}\right|^2 R$ möglich, der das gleiche Ergebnis liefert. Aus dem Quadrat des Absolutwertes der Stromstärke resultiert durch Bildung des zeitlichen Mittelwertes der Faktor $\frac{1}{2}$.

Um nun von der eingebrachten Leistung auf eine Erwärmung des Bauteils schließen zu können, wird die Wärmemenge mit dem Zusammenhang

$$P = \frac{dQ}{dt} \tag{3.53}$$

berechnet [11]. Wobei t die induktive Anregungszeit beschreibt. Q bezeichnet hierbei die Wärmeenergie die durch

$$dQ = m \cdot c \cdot dT \tag{3.54}$$

definiert ist. Hier ist m die Stoffmasse, c die spezifische Wärmekapazität und dQ die Wärmemenge, die bei der Temperaturänderung dT ohne Änderung des Aggregatzustandes und ohne chemische Umwandlung umgesetzt wird [11].

Durch Vereinfachung der Differentiale zu Differenzen ergibt sich für die Temperaturdifferenz

$$\Delta T = T_2 - T_1 = P \cdot \frac{t}{m \cdot c} \, . \tag{3.55}$$

Für die Berechnung der Temperaturdifferenz im Prüfteil wird die angeregte Masse und dementsprechend das Volumen benötigt. Hierfür wird die Eindringtiefe der Wirbelströme herangezogen. Die Temperatur T_1 bezieht sich auf die Werkstofftemperatur vor der Anregung und die Temperatur T_2 nach der Anregung. Die spezifische Wärmekapazität ist werkstoffabhängig. Richtgrößen der Wärmekapazität sind in Tabelle 3.8 für einige Werkstoffe angegeben.

Tabelle 3.8: Vergleichswerte der spezifischen Wärmekapazität bei konstantem Druck [1] [4] [11] [43] [46]

Werkstoff	$c \; in \left[\frac{\mathrm{J}}{\mathrm{kg} \cdot \mathrm{K}}\right]$
Stahl	500
Aluminium	896
Beton	880
Kupfer	383
Wasser	4186

Das Leiterstück aus dem betrachteten Fall kann auch infinitesimal klein gewählt werden, so dass der Zusammenhang auch auf einen beliebigen Leiter angewendet werden kann, bei dem die Stromdichteverteilung inhomogen ist. Aus den vorherigen Betrachtungen ist ersichtlich, dass die Erwärmung, wie schon die Heizleistung, quadratisch von der Stromdichte und linear vom spezifischen Widerstand abhängt. Zusätzlich gilt auch, umso größer die Zeitspanne ist, in der ein Strom fließt, desto mehr erwärmt sich das Prüfteil.

Abschließend soll nun exemplarisch die Anregung eines 10 cm langen und 10 cm breiten (in z-Richtung unendlich ausgedehnten) idealen Leiterstücks berechnet werden. Als Induktor soll eine 10 cm lange Zylinderspule mit $N = 5$ Windungen verwendet werden. Die Anregungsfrequenz soll 10 kHz betragen und die Anregungszeit 10 ms. Für den rechnerischen Überschlag wird der austenitische Stahl 1.4310 (X10CrNi18-8) verwendet, der auch in den später vorgestellten Messungen genutzt wird. Die materialspezifischen Konstanten sind in folgender Tabelle 3.9 aufgeführt.

Die Klemmspannung des Transformators kann bis zu 400 V betragen. Bei Induktoren aus Kupferdraht treten somit sehr hohe Ströme auf. Als Anhaltswert soll an dieser Stelle ein Induktionsstrom von 8.000 A angenommen werden. Mit Gleichung (3.35) kann die magnetische Feldstärke und mit (3.39) die elektrische Feldstärke berechnet werden, die sich zu $H = 300.000\,A/m$ und $E = 50{,}43\,V/m$ ergeben. In z-Richtung wird die Skintiefe betrachtet.

Tabelle 3.9: Physikalische Eigenschaften des Stahls 1.4310 [65]

Materialkonstante	Wert
Elektrische Leitfähigkeit	$\sigma = 1{,}4 \cdot 10^6\ \frac{S}{m}$
Relative Permeabilität	$\mu_r = 1{,}002$
Absolute Permeabilität	$\mu_0 = 4 \cdot \pi \cdot 10^{-7}\ \frac{Vs}{Am}$
Spezifische Wärmekapazität	$c = 460\ \frac{J}{kg \cdot K}$
Dichte	$\rho = 7{,}9\ \frac{kg}{dm^3}$

Der zeitliche Mittelwert der Leistung nach (3.50) bei der betrachteten Bauteilgeometrie beträgt $P = 38\,kW$. Mit (3.53) kann dann die Wärme $Q = 378.2\,J$ berechnet werden. Unter der Annahme, dass das angeregte Volumen aus der Grundfläche und der Skintiefe besteht, kann dann mit (3.54) oder (3.55) die Temperaturdifferenz mit $\Delta T = 2{,}4\,K$ angegeben werden. Eine Betrachtung der abgegebenen Wärme wird hier nicht vorgenommen, da angenommen wird, dass die Anregungs- und Messzeit sehr kurz ist und somit keine Ausgleichsvorgänge stattfinden.

4 Ablauf der automatisierten Prüfung

Für thermographische Untersuchungen mit elektromagnetischer Anregung wird durch induktive Kopplung ein Stromfluss in dem zu untersuchenden Objekt erzeugt. Nachdem im vorangegangenen Kapitel die Stromdichteverteilung und die Temperaturverteilung betrachtet wurde, soll nun die Verfahrensweise mittels induktiver angeregter Thermografie für die Prüfung im vollautomatisierten industriellen Umfeld beschrieben werden. Mit den erläuterten Grundlagen ist es möglich, anhand der Experimente und der Prüfsituation Rückschlüsse auf die Fehlereigenschaften zu ziehen.

Bei induktiver Anregung muss neben der Abhängigkeit von der Bauteilgeometrie die in Kapitel 3.3 beschriebene induktive Kopplung berücksichtigt werden. Der Wirkungsgrad bei induktiver Anregung ist prinzipbedingt kleiner als der bei konduktiver oder galvanischer Anregung [4]. Zusätzlich ist jedoch die induktive Kopplung berührungsfrei und damit experimentell und industriell einfacher anwendbar.

Bei induktiver Anregung kommt es hauptsächlich darauf an, welche Leistung induziert wird bzw. wie man die induzierte Leistung erhöhen kann, um eine höhere Stromdichte und damit auch ein besseres Fehlersignal zu erhalten [66].

Im Folgenden sollen alle benötigten und genutzten Komponenten vorgestellt werden.

4.1 Beschreibung des Messaufbaus

Die für die induktiv angeregte Thermografie benötigten Geräte wurden bereits in Abb. 3.8 schematisch dargestellt. Für die 100 %-ige Prüfung von Edelstahlhalbzeugen werden die Komponenten wie in Abb. 4.1 angeordnet. Die Halbzeuge können hier auf einem Förderband mit einer konstanten Geschwindigkeit von bis zu $v = 3\,m/s$ durch den Induktor befördert und thermisch angeregt werden. Die Infrarotkamera befindet sich in Bewegungsrichtung des Prüfteils in einem Abstand a hinter dem Induktor. Die Höhe h, in der sich die Kamera senkrecht über dem Prüfteil befindet, beträgt maximal 500 mm, um zu gewährleisten, dass alle relevanten Fehlergrößen abgebildet werden können. Hierbei gilt, dass jeder Fehler auf mindestens 3 bestenfalls jedoch 5 oder mehr Pixel des Infrarotdetektors abgebildet wird.

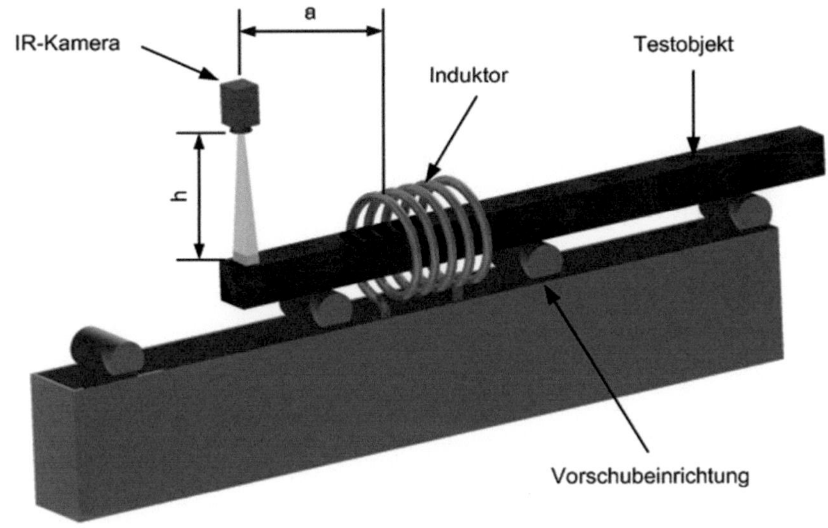

Abb. 4.1: Schematischer Aufbau zur Detektion von Oberflächenrissen an Stranggussprodukten

Diese Bedingung ist notwendig um unabhängig von dem verwendeten Kameradetektor eine sichere Fehlerdetektion durchführen zu können. Für die folgende neuartige Risstiefenbestimmung ist eine Untersuchung des Temperaturverlaufs in der Fehlerumgebung notwendig. Demzufolge wird hierfür eine genauere Fehlerabbildung benötigt.

Die Infrarotkameras, die für die Prüfung verwendet wurden, sind die Velox 65k M Pro der Firma IRCAM GmbH, eine Hochgeschwindigkeitskamera, die besonders gut für die Prüfung an bewegten Prüfobjekten geeignet ist, und die FLIR Silver 660 der Firma FLIR.

Die Kamera Velox 65k M Pro hat eine Bilddaten-Rate von 110 MByte/s (58 MPixel/s) und ermöglicht damit 885 Vollbilder (256 x 256 Pixel) und bis zu 30.000 Teilbilder in der Sekunde. Der Detektor besteht aus Cadmium-Quecksilber-Tellurit (CMT), ist für Wellenlängen von 3.4 µm bis 5.0 µm (MWIR) empfindlich und wird mit einem Stirlingkühler gekühlt. Trotz sehr kurzer Integrationszeiten von 1 µs bis 2,15 ms hat diese Kamera eine thermische Auflösung (NETD = noise equivalent temperature difference) von 10 mK.

Die Infrarotkamera Silver 660 verwendet einen InSb-Detektor, der auf Strahlung des Wellenlängenbereichs 3.6 µm – 4.7 µm (MWIR) optimiert ist. Der Detektor wird ebenfalls durch einen Stirlingkühler gekühlt und hat 640 x 512 Pixel bei einer Bildwiederholrate von 100 Hz. Die thermische Auflösung (NETD) beträgt 20 mK und die Integrationszeit 3 µs.

Für die Prüfung eines Vierkanthalbzeugs werden bis zu vier IR-Kameras benötigt. Durch den Einsatz von Spiegelelementen kann die Anzahl der Kameras auf drei bzw. zwei reduziert werden. Bei runden Testobjekten, die in dieser Arbeit nicht betrachtet werden, muss auf eine scharfe Abbildung der Oberfläche geachtet werden. Dies gilt besonders für die Randbereiche des Sichtbereichs der Infrarotkamera. Hier vergrößert sich der Objekt-Kamera-Abstand durch die Krümmung der Objektoberfläche. Die benötigte Anzahl der Kameras ist somit abhängig vom Krümmungsradius der Oberfläche. Um kleine Bauteilbereiche mit einer höheren Bildauflösung begutachten zu können, wird das Zusatzobjektiv „Macro Lens 18 Micron" verwendet.

Für die induktive Anregung wird ein Induktionssystem der Firma EDEVIS eingesetzt. Es beinhaltet ein vollständig computergesteuertes System, das auf herkömmlichen Komponenten des industriellen Lötens und Schweißens basiert. Der Hochstromgenerator hat eine Leistung von 10 kW. Der Frequenzbereich des Transformators ist unterteilt in zwei Bereiche und liegt insgesamt bei 100 Hz bis ca. 1 MHz. Durch die computergestützte Ansteuerung ist es möglich, die Resonanzfrequenz mit einem Durchlauf durch den Frequenzbereich des Induktionssystems zu ermitteln. Diese hängt vom verwendeten Induktor (Form und Größe) und dem Prüfobjekt (Material und Größe) ab. Mit dieser Resonanzfrequenz ist es möglich, die Prüfobjekte sehr effizient anzuregen.

Die Prüfung wird bei einer konstanten Frequenz durchgeführt, um so vergleichbare Temperaturverläufe aufnehmen zu können. Der erhaltene „thermische Fingerabdruck" bei einer bestimmten konstanten Anregungsfrequenz kann zur Bestimmung der Risstiefe genutzt werden.

Die Prüfkörper befinden sich auf einem Rollenbeförderungssystem, das diese mit einer konstanten Geschwindigkeit durch die Prüfeinrichtung führt. Prüfgeschwindigkeiten von 1 m/s bis 2 m/s sind heutzutage üblich und 3 m/s werden zunehmend angestrebt. Durch die sehr hohe Zeitauflösung der Kamera kann die Fehlerposition sehr genau bestimmt werden. Bei einem Testobjekt, das sich mit 1 m/s durch die Prüfeinheit bewegt und mit 800 Bildern abgetastet wird, beträgt der Abstand auf der Objektoberfläche zwischen zwei Bilden 1,25 mm. Durch das Aufnehmen von Vollbildern kann eine Mittelung aufgrund des Überlappens der einzelnen Aufnahmen vorgenommen werden.

Die sehr kurzen Taktzeiten und die somit sehr hohen Prüfgeschwindigkeiten erfordern, dass die Auswertung der Infrarotbilder auf mehrere Computer aufgeteilt werden. Eine mögliche Rechnerarchitektur ist die Anordnung der Computer in Pyramiden- bzw. in Sternform. Hierbei übernimmt ein zentraler Computer die Koordination und Verteilung der Auswertung auf untergeordnete Rechensysteme. Für die Auswertung stehen bis zur nächsten Prüfung lediglich fünf Sekunden zur Verfügung.

In der Industrie ist der zerstörungsfreien Prüfeinrichtung ein Modul zur Bearbeitung der fehlerhaften Oberfläche nachgelagert. Schleifroboter bearbeiten hier die fehlerhaften Bereiche. Üblicherweise wird die Oberfläche innerhalb der Fertigungstoleranz abgeschliffen. Anschließend werden die Bauteile erneut der Prüfeinrichtung zugeführt. Wenn die bearbeiteten Fehler nicht beseitigt werden konnten, werden die Bauteile aussortiert.

4.2 Betrachtung der Prüfparameter

In diesem Kapitel sollen die zur Prüfung notwendigen Parameter betrachtet werden und wie diese bestmöglich für eine Prüfung zu wählen sind. Die optimalen Prüfparameter sind unter anderem von den Eigenschaften des Prüfteils abhängig. Im Folgenden soll daher auf den Einfluss der Intensität der induzierten Stromdichte, der Anregungsfrequenz, der Bauteilgeometrie und auf die Fehlerorientierung eingegangen werden.

Das Ziel ist es, eine möglichst hohe Stromdichte im Prüfmaterial zu induzieren, um den Fehlerkontrast so hoch wie möglich zu halten und dennoch das Bauteil zerstörungsfrei prüfen zu können. Die induzierte Stromdichte J hängt, wie in Kapitel 3.3.4 bereits beschrieben, direkt von der elektrischen Feldstärke E ab (Gleichung (3.49)(3.52)). Die Stromdichte ist weiterhin durch Gleichung (3.38) oder (3.46) proportional zum durch den Induktor fließenden Strom. Der Fehlerkontrast ist somit direkt von der Stromstärke des Induktionssystems abhängig. Hinsichtlich des maximalen Induktionsstroms soll an dieser Stelle auf die Resonanz des Anregungsschwingkreises verwiesen werden.

Die induzierte Stromdichte ist außerdem nach Gleichung (3.44) proportional zur Frequenz der Anregung. Es ist daher erstrebenswert, die Feldfrequenz so hoch wie möglich zu wählen. Da sich mit zunehmender Frequenz die Skintiefe verringert, sollte jedoch darauf geachtet werden, dass die Eindringtiefe in einem sinnvollen Bereich liegt. Dieser ist durch die Bauteildimensionen begrenzt, sodass in austenitischen Stählen die Skintiefe nicht größer als die Bauteildicke ist und im oberen Frequenzbereich Einflüsse durch die Oberflächenrauheit vermieden werden.

Ein weiterer wichtiger Einflussfaktor ist die elektromagnetische Kopplung zwischen Anregung und Prüfteil. Der Luftspalt zwischen Induktor und Prüfteiloberfläche sollte nach Gleichung (3.33) so gering wie möglich gehalten werden, um eine gute Kopplung zu erreichen.

Zusätzlich hängt die Kopplung von dem zu prüfenden Material ab. Besonders bei ferromagnetischen und nicht ferromagnetischen Werkstoffen unterscheidet sich der Grad der elektromagnetischen Kopplung erheblich. Ferromagnetische Werkstoffe haben wie in Abb. 3.21 die Eigenschaft, dass das magnetische Feld nur sehr schlecht in den Werkstoff eindringen kann [11]. Die Eindringtiefe bei ferromagnetischen Werkstoffen ist somit wesentlich kleiner als bei nicht ferromagnetischen Werkstoffen, bei denen die magnetischen Felder erheblich tiefer in das Material eindringen können [67] [68] (vgl. Tabelle 3.7).

Auch hinsichtlich der Fehlerorientierung gibt es Limitationen. Durch den Herstellungsprozess können verschiedene Fehlerarten und -orientierungen hervorgerufen werden. Bezogen auf den Stranggussprozess sind diese Fehler longitudinal zur Gussrichtung orientiert, was unter anderem eine zu kalte Schmelze als Ursache haben kann. Um auch lateral orientierte Fehler detektieren zu können, ist es notwendig, die Spulenorientierung zu ändern, sodass die Oberflächenrisse bestenfalls senkrecht zur Ausbreitungsrichtung der Wirbelströme liegen. Die longitudinale und laterale Richtung sind in dieser Arbeit wie in Abb. 4.2 gezeigt festgelegt [69].

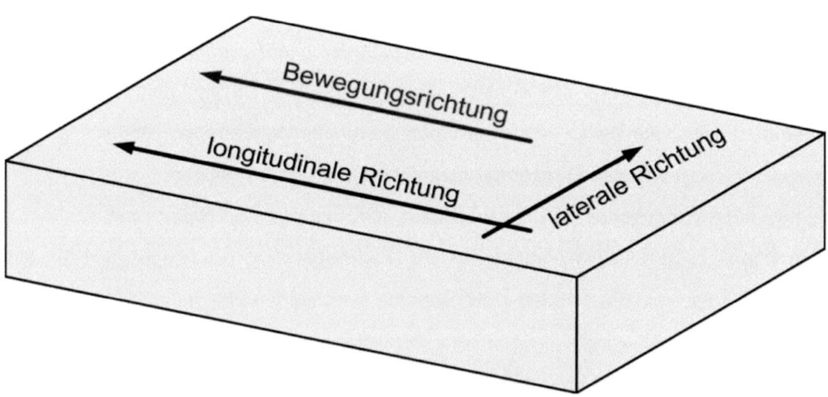

Abb. 4.2: Festlegung der longitudinalen und lateralen Richtung auf der Prüfteiloberfläche

4.3 Testobjekte der induktiv angeregten Thermografie

Zur Ermittlung der Messeigenschaften des Thermografiesystems werden verschiedene Testobjekte genutzt. Eine grobe Einteilung der Testobjekte wird in folgender Darstellung (Abb. 4.3) vorgenommen.

Testobjekte

speziell hergestellter Testobjekte	**Testobjekte (Knüppel) aus dem Stranggussverfahren**
(X10CrNi18-8)	(X10CrNi18-8)
spezielle Nuten unterschiedlicher Breite und Tiefe	Risse durch den Herstellungsprozess verursacht und nicht nachträglich in das Bauteil eingebracht

Abb. 4.3: Einteilung der verwendeten Testobjekte zur Tiefenbestimmung von Nuten und Rissen

Die speziell hergestellten Testobjekte besitzen unterschiedliche Nuten, die sich in der Höhe und der Breite unterscheiden. Anhand dieser Proben sollen Kriterien zur Bestimmung der Tiefe oder der Geometrie einer Nut bestimmt werden. Die speziell hergestellten Testobjekte bestehen aus dem in Kapitel 3.3.6 vorgestellten austenitischen Stahl mit der Legierungszusammensetzung X10CrNi18-8. Die eingebrachten Nuten sind in longitudinaler Richtung orientiert.

Außerdem werden Messungen an Testobjekten vorgestellt, die nicht nachträglich mit künstlichen Rissen oder Nuten versehen wurden, sondern direkt aus dem Fertigungsprozess stammen. Bei diesen Testobjekten handelt es sich um Halbzeuge aus dem kontinuierlichen Stranggussverfahren.

Bei der induktiv angeregten thermografischen Messung spielt die Oberflächenrauheit eine sehr große Rolle. Bei elektrisch leitenden Materialien kann diese Rauheit die Messungen negativ beeinflussen. Eine Möglichkeit zur kontaktlosen Messung der Oberflächenrauheit wird in [70] und [71] beschrieben.

4.3.1 Künstlich hergestellte Testobjekte

Die speziell hergestellten Testobjekte sind in folgender Abbildung (Abb. 4.4) dargestellt.

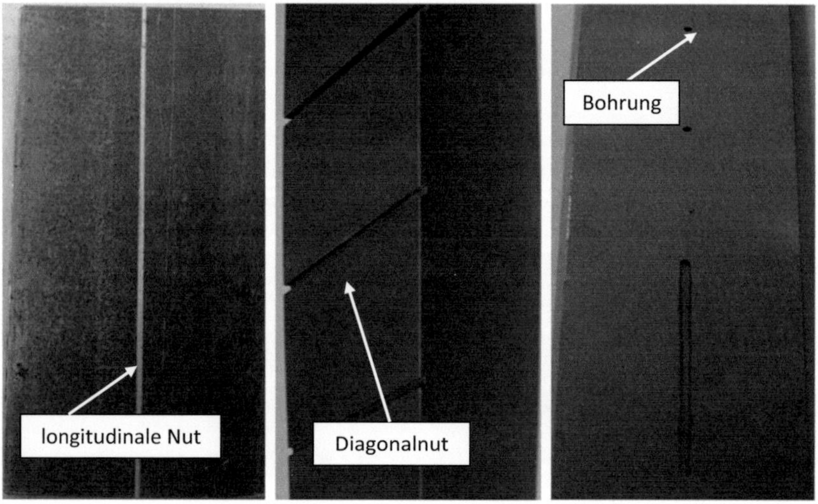

Abb. 4.4: verwendete Testobjekte zur Prüfung mittels induktiv angeregter Thermografie

Diese Testobjekte können in zwei verschiedene Gruppen unterteilt werden. Die erste Gruppe besteht aus dem austenitischen Stahl X10CrNi18-8 mit rechteckigem Querschnitt und eingebrachter Nut. Die Breite der Nut beträgt 0,5mm bzw. 1 mm und die Tiefe reicht von 0 mm bis 1 mm in Schritten von 0.1 mm. Da die Risstiefe mithilfe der induktiv angeregten Thermografie nur durch einen genauen Vergleich mit einer vorab vermessenen Referenz möglich ist, werden diese Testobjekte als Referenzkörper verwendet. Die Referenzkörper sind in den folgenden Abbildungen Abb. 4.5 und Abb. 4.6 dargestellt.

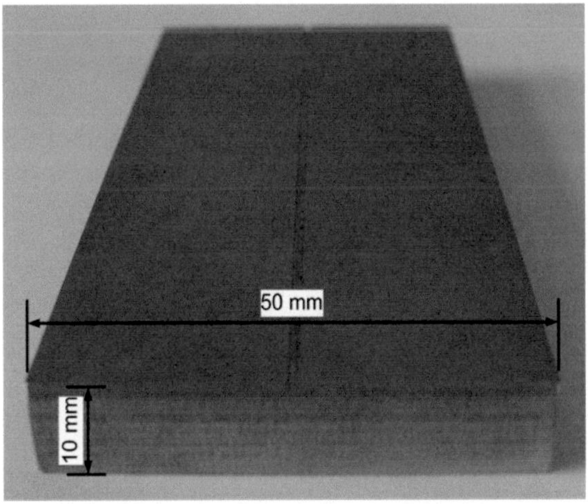

Abb. 4.5: Hergestellte Testobjekte zur Referenzwertermittlung des Messsystems

Die zweite Gruppe der hergestellten Testobjekte ist aufgrund ihrer Länge von 1 m für die Prüfung während einer Bewegung geeignet.

Diese Testobjekte bestehen aus einem im Querschnitt quadratischen Langprodukt mit Nuten und Bohrungen. Die Nuten sind längs, quer und mit einem Winkel von 45° eingebracht und haben unterschiedliche Tiefen. Diese Testobjekte werden zur Vermessung und Prüfung genutzt.

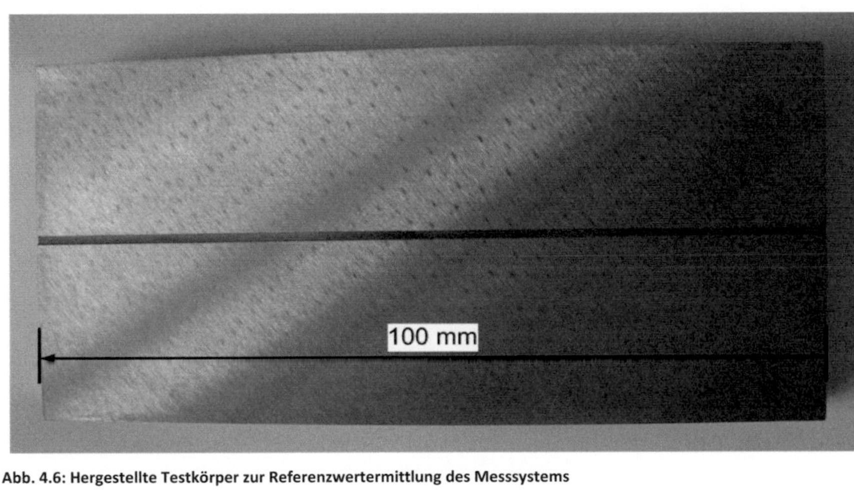

Abb. 4.6: Hergestellte Testkörper zur Referenzwertermittlung des Messsystems

4.3.2 Bestimmung der Oberflächenrauheit der künstlich hergestellten Testobjekte

Für die Vermessung der Oberfläche wurde das Messgerät „µscan" der Firma Nanofokus mit einem chromatischen Sensor genutzt. Schematisch ist das Prinzip zur Bestimmung der Oberflächenrauheit in Abb. 4.7 dargestellt.

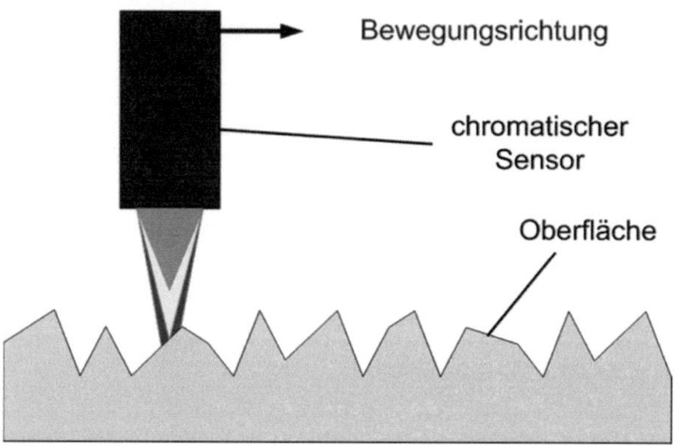

Abb. 4.7: Darstellung des Messprinzipes des verwendeten Messsystems „µscan" zur Bestimmung der Oberflächenrauheit mit einem chromatischen Sensor [72]

Mit diesem Messprinzip kann berührungslos der Abstand zwischen dem Sensorkopf und der Testobjektoberfläche bestimmt werden. Bei diesem Sensor gibt es für jede spektrale Farbe in axialer Richtung des Sensors einen unterschiedlichen Brennpunkt. Der chromatische Sensor wird nun über die Oberfläche bewegt und die spektrale Information des zurückgestreuten Lichtes analysiert [73] [72].

Nachfolgend ist in Abb. 4.8 die Untersuchung der Oberflächenrauheit für die speziell hergestellten Testobjekte angegeben.

Die Schrittweite, mit der die Messpunkte in lateraler Richtung aufgenommen wurden, beträgt 1 µm. Der Messpunkt hatte dabei einen Durchmesser von 1 µm. Die mit diesem System erreichbare Messauflösung beträgt 75 nm.

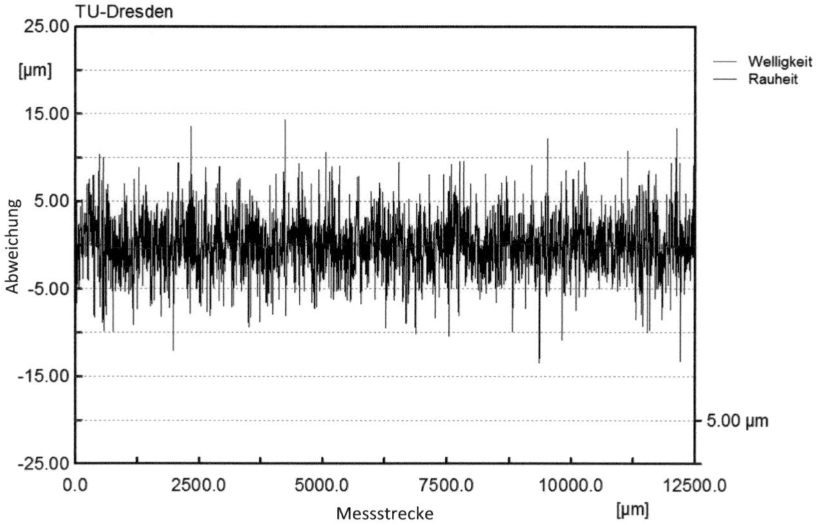

Abb. 4.8: Darstellung der gemessenen Oberflächenrauheit der speziell hergestellten Testobjekte

Die ermittelten Rauheitsparameter werden konform zu den internationalen Normen DIN EN ISO 4287 und DIN EN ISO 4288 bestimmt. Hierzu wird eine Messstrecke in fünf gleichgroße Bereiche unterteilt und jeweils die Rauheitsparameter R_a, R_z sowie die Welligkeit W_t ermittelt [1]. An dieser Stelle soll darauf verwiesen werden, dass durch den Einsatz eines optischen Sensors anstatt einer Tastspitze geringfügige Abweichungen auftreten können. Der Parameter $\mathrm{R_a}$ bezeichnet die arithmetische Mittenrauheit und gibt den mittleren Betrag des Abstandes an. Die Mittellinie schneidet innerhalb der fünf Bezugsstrecken das Oberflächenprofil so, dass die Summe der Abweichungen der Messpunkte minimal werden [1]. Der Parameter $\mathrm{R_z}$ ist definiert als maximaler Abstand des Minimums und Maximums bezogen auf die jeweilige Messstrecke.

Allgemein wird nach den angewendeten Normen die Rauheit als Feingestaltabweichung bezeichnet, die ein Verhältnis von Wellenlänge zu Wellentiefe von 100:1 bis 5:1 aufweist. Die Welligkeit $\mathrm{W_t}$ hingegen bezeichnet die Feingestaltabweichung mit einem Verhältnis von Wellenlänge zu Wellentiefe von 1.000:1 bis 100:1.

Die zum Bestimmen dieser Parameter benötigten Filter werden nach DIN EN ISO 11562 parametriert. Die dadurch ermittelten Rauheitsparameter sind in Tabelle 4.1 aufgeführt.

Tabelle 4.1: Aus den Messwerten berechnete Parameter der Feinstruktur der Oberfläche des hergestellten Testobjektes

Parameter	Wert
R_a	2,372 µm
R_z	24,577 µm
W_t	1,130 µm

In den nachfolgend angeführten Messungen der Oberflächenstruktur ist die Welligkeit zusätzlich zu den Messwerten in den Diagrammen eingezeichnet.

In Abb. 4.9 ist die Geometrie der eingebrachten Nuten dreidimensional dargestellt. Exemplarisch ist hier das Profil einer Nut mit 0,5 mm Breite und 0,3 mm Tiefe dargestellt.

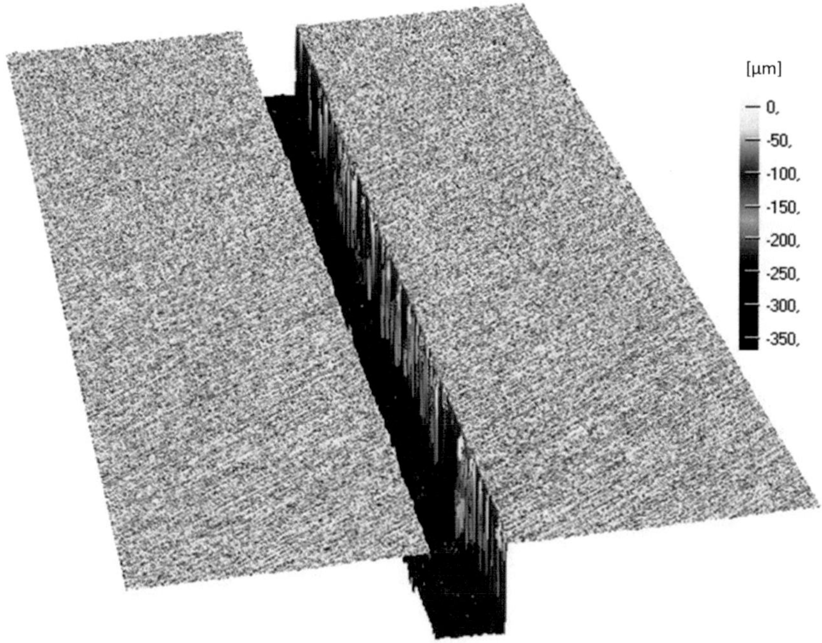

Abb. 4.9: 3D-Vermessung der Geometrie einer Nut mit 0,5 mm Breite und 0,3 mm Tiefe

4.3.3 Testobjekte aus dem Stranggussverfahren

Zur Erprobung der Messmethode zur Bestimmung der Tiefe von Rissen und zur Verifizierung der Simulationen werden Messungen an Testobjekten, wie in Abb. 4.10 und Abb. 4.11 dargestellt, durchgeführt. Verwendet werden unmittelbar aus der Herstellung stammende austenitische Knüppel. Die Oberfläche ist lediglich abgebürstet, um größere Anhaftungen von beispielsweise Schlacke zu entfernen. Die Oberfläche ist somit weitgehend unbehandelt und zeichnet sich durch eine große Rauheit aus, wie sie in den dargestellten Abbildungen erkennbar ist.

Die starke Rauheit stellt eine besondere Schwierigkeit hinsichtlich der Prüffrequenz bei der induktiv angeregten Thermografie dar. Bei großen Oberflächenrauheiten kann nur mit geringen Prüffrequenzen angeregt werden. Damit die Eindringtiefe der Wirbelströme sicher größer ist als die Rauheit der Testobjektoberfläche wird die Relation $Rautiefe \cdot 2 < Skintiefe$ mit Gleichung (3.45) genutzt.

Die Maße der verwendeten Testobjekte betragen 50 mm x 50 mm bzw. 80 mm x 30 mm im Querschnitt und 1,5 m in der Länge.

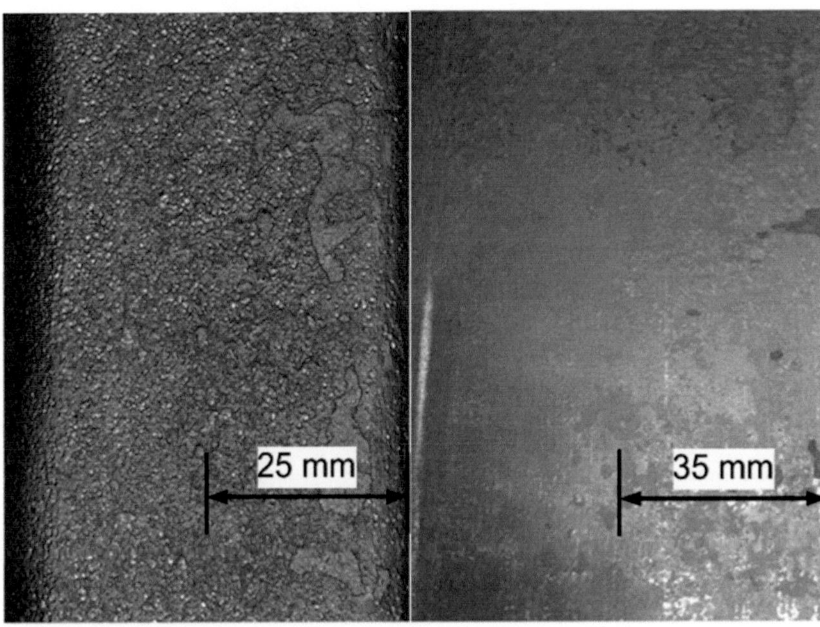

Abb. 4.10: Mittels Stranggussverfahren hergestellte Testobjekte

Die vorgestellten Testobjekte aus Abb. 4.10 stammen aus unterschiedlichen Produktionsschritten. Das in Abb. 4.10 links abgebildete Testobjekt ist nach Abb. 1.1 im Herstellungsprozess nicht weiter im Walzprozess bearbeitet worden.

Durch die Führung des Halbzeuges unmittelbar nach dem Kokillenguss auf Rollen, können an dem in Abb. 4.10 links gezeigten Testobjekt zwei raue und zwei glattere Oberflächen festgestellt werden. Diese unterschiedlichen Oberflächeneigenschaften werden im Folgenden untersucht.

Abb. 4.11: Unbearbeitetes Testobjekt (50 mm x 50 mm Querschnittsfläche; 1500 mm Länge) auf einer Positioniereinheit

Das in der rechten Abbildung dargestellte Testobjekt wurde hingegen gewalzt. Dadurch stellt sich die Oberfläche nach der Entfernung der Zunderschicht erheblich glatter dar.

4.3.4 Bestimmung der Oberflächenrauheit der Testobjekte aus dem Stranggussverfahren

Die Bestimmung der Oberflächenrauheit wird mit dem bereits in Kapitel 4.3.2 beschriebenen chromatischen Sensorsystem vorgenommen.

In Abb. 4.12 ist die Rauheit des in Abb. 4.10 links dargestellten Testobjektes abgebildet. Bei der Vermessung der rauen Oberflächen wurde aufgrund der groben Strukturen eine Schrittweite zwischen den Messpunkten von 3 µm genutzt.

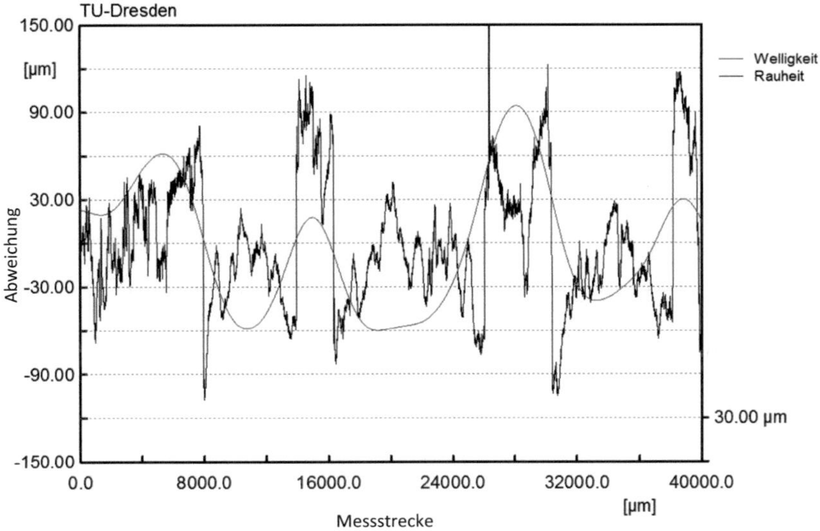

Abb. 4.12: Darstellung der Rauheit des in Abb. 4.10 links dargestellten Testobjektes (raue Seite)

Charakteristisch sind die in dieser Abbildung dargestellten Sprünge in der Messkurve. In Tabelle 4.2 sind die durch die Messungen bestimmten Oberflächenrauheiten der rauen Bauteilseite angegeben.

Tabelle 4.2: Aus den Messwerten berechnete Parameter der Feinstruktur (raue Seite)

Parameter	Wert
R_a	34,664 µm
R_z	220,517 µm
W_t	154,183 µm

Die Oberflächeneigenschaften der zwei Seiten des verzunderten Testobjekts (Abb. 4.10 links), die auf den Führungsrollen bewegt wurden, sind glatter.

Die hier gemessenen Oberflächenrauheiten auf diesen Bauteilseiten sind in Abb. 4.13 dargestellt und die daraus berechneten Rauheitsparameter sind in Tabelle 4.3 aufgelistet.

Das Testobjekt aus Abb. 4.10 rechts wurde nach dem Gießen durch den nachgelagerten Walzprozess bearbeitet. Die Oberfläche ist deswegen erheblich glatter. In den folgenden Messungen werden die Parameter der Oberflächen längs zur Walzrichtung und quer zur Walzrichtung vorgestellt, die die Feinstruktur beschreiben.

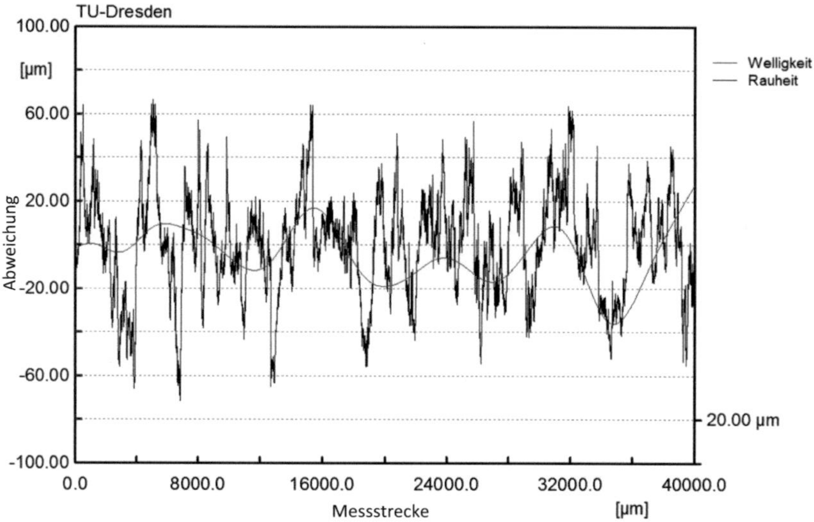

Abb. 4.13: Darstellung der Rauheit des in Abb. 4.10 links dargestellten Testobjektes (glatte Seite)

Tabelle 4.3: Aus den Messwerten berechnete Parameter der Feinstruktur (glatte Seite)

Parameter	Wert
R_a	18,751 µm
R_z	122,299 µm
W_t	63,689 µm

Die Oberflächenrauheit längs zur Walzrichtung ist in Abb. 4.14 dargestellt.

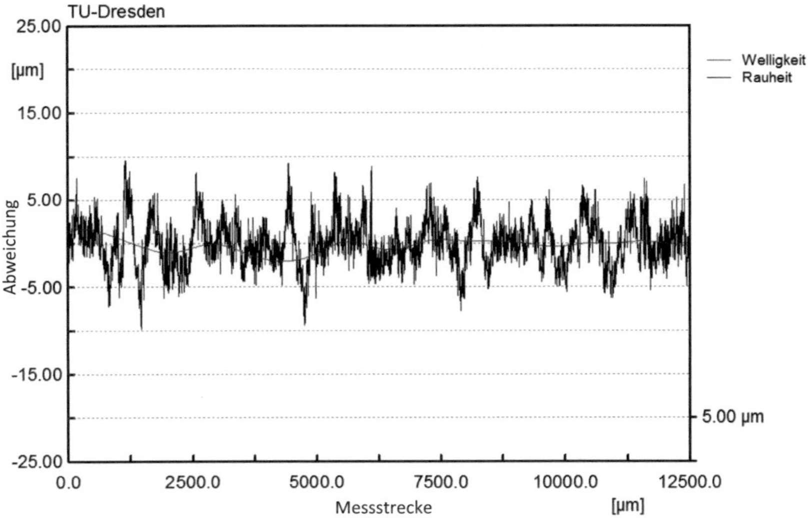

Abb. 4.14: Darstellung der Rauheit des in Abb. 4.10 rechts dargestellten Testobjektes (längs zur Walzrichtung)

Die aus diesen Messwerten berechneten Parameter der Feinstruktur sind in Tabelle 4.4 angegeben.

Tabelle 4.4: Aus den Messwerten berechnete Rauheitsparameter längs zur Walzrichtung

Parameter	Wert
R_a	2,098 µm
R_z	16,187 µm
W_t	3,699 µm

Die Parameter der Oberflächenrauheit quer zur Walzrichtung sind in Tabelle 4.5 aufgelistet.

Tabelle 4.5: Aus den Messwerten berechnete Rauheitsparameter quer zur Walzrichtung

Parameter	Wert
R_a	3,402 µm
R_z	28,385 µm
W_t	14,011 µm

Abschließend ist der Verlauf der Oberflächenstruktur der gewalzten Probe an einer Einprägung dargestellt. Die aufgenommene Messkurve ist in folgender Abbildung (Abb. 4.15) festgehalten.

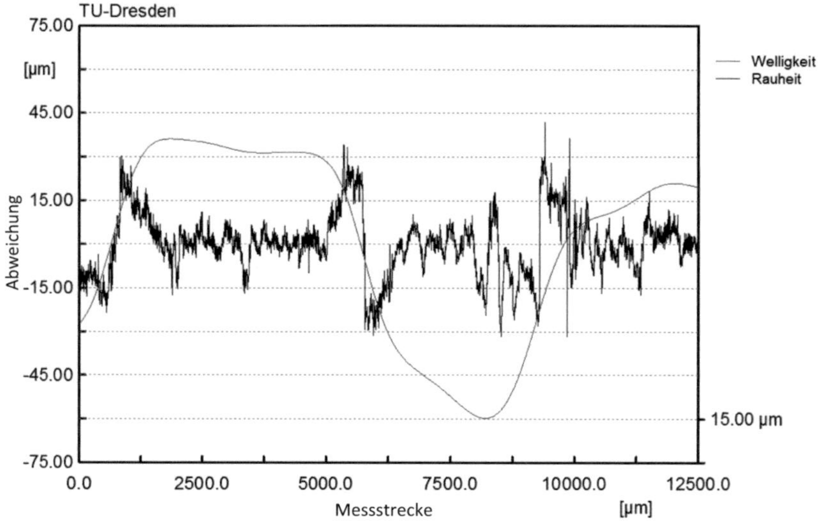

Abb. 4.15: Oberflächenstruktur an einer Einprägung

Es ist zu erkennen, dass im Vergleich zu den bisher untersuchten Oberflächen die Oberflächenrauheit lediglich geringfügig größer, jedoch die Welligkeit sehr viel größer ist. Dies kann auch an den in Tabelle 4.6 aufgeführten berechneten Oberflächenparametern festgestellt werden.

Tabelle 4.6: Aus den Messwerten berechnete Parameter der Feinstruktur an einer Einprägung

Parameter	Wert
R_a	7,711 µm
R_z	51,654 µm
W_t	95,820 µm

Aus dieser Messung kann gefolgert werden, dass die Tiefe der eingewalzten Struktur ca. 100 µm beträgt.

5 Vorgehensweise zur Bestimmung der Risstiefe

In diesem Kapitel wird gezeigt, dass die Thermografie mit induktiver Anregung auch zum Messen der Risstiefe eingesetzt werden kann. Es wird die Vorgehensweise zur Bestimmung der Tiefe an Rissen und Nuten vorgestellt und ausgewählte Ergebnisse präsentiert. Weiterhin werden Faktoren betrachtet, die die Messungen negativ beeinflussen können, jedoch teilweise im industriellen Umfeld nicht vermeidbar sind.

5.1 Temperaturverteilung an der Bauteiloberfläche

In den folgend dargestellten Diagrammen sind die Temperaturen aller Knoten entlang des in Abb. 5.1 eingeführten Pfades aufgetragen.

Die senkrechten Teilstücke des abgebildeten Pfades werden ebenfalls ausgewertet. Da jedoch im Folgenden die Oberflächentemperaturen in Abhängigkeit der x-Koordinate untersucht werden, beeinflussen diese die Ergebnisse und Folgerungen nicht.

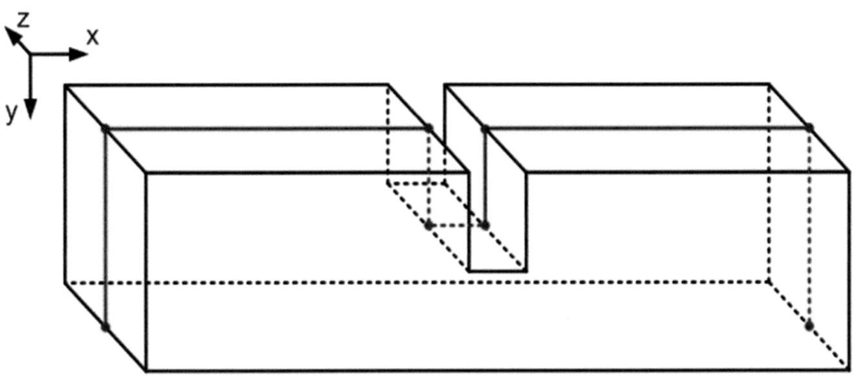

Abb. 5.1: Verlauf des für die Auswertung herangezogenen Pfades entlang der Prüfteiloberfläche

Bei Bauteilen kann es aufgrund ihrer Geometrie dazu kommen, dass sich die mit einer Kamera detektierte Infrarotstrahlung aus der Nut von der umgebenden Bauteiloberfläche vor der thermischen Anregung unterscheidet. Bei Nuten oder Rissen, die nur eine geringe Breite, jedoch eine große Tiefe aufweisen, verändert sich die detektierte Strahlung aufgrund der Ähnlichkeit zu einem schwarzen Strahler ($\varepsilon = 1$). Hierdurch muss der Emissionsgrad in

der Nut berücksichtigt werden, der sich aufgrund der Abschattung, wie in einem schwarzen Strahler, erhöht und sich dem idealen Fall $\varepsilon = 1$ annähert.
Da in der Simulation die Temperatur an den Oberflächenknoten ausgewertet werden kann, wird die aufwändige Betrachtung der Wärmestrahlung und der Emissionsgradänderung vermieden. Weiterhin wird die Nut durchgehend angefertigt. Deswegen kann die Abschattung und der Einfluss der Änderung des Emissionsgrades reduziert werden.

5.2 Referenzwertermittlung durch Simulationen und Messungen

Zum Messen der Risstiefe in austenitischem Stahl werden zuerst Referenzwerte, die mit speziellen Messungen oder Simulationen ermittelt werden, benötigt. Hierfür sind spezielle Prüfkörper bzw. Modelle notwendig, die zur Oberfläche geöffnete Risse aufweisen. Vereinfacht werden diese mit Hilfe einer Nut mit definierter Tiefe in y-Richtung nachempfunden. Anhand der vorab durchgeführten Messungen und Simulationen ist es möglich, unbekannte Risse oder Nuten in ihrer Ausdehnung und Geometrie zu vermessen. Hierzu ist lediglich die Auswertung der Verläufe der Oberflächentemperaturen notwendig.

5.2.1 Vorgehensweise zur Referenzwertermittlung

Mit Abb. 5.2 soll die Vorgehensweise zum Aufnehmen von Referenzwerten dargestellt werden.
Zuerst wird ein Testobjekt in der Induktionsspule und unter der Infrarotkamera positioniert und fixiert. Anschließend wird eine Anregungsfrequenz festgelegt und daraufhin die Dauer des Anregungsimpulses bestimmt, um eine ausreichende Temperaturdifferenz zu erreichen. Die dadurch entstehenden Kurvenverläufe sind in Abb. 5.3 dargestellt. Für die hier vorgestellte Referenzwertbestimmung wird nur der Bereich links der Nut aufgenommen. Dies ist darin begründet, dass die komplette Nut durch die Kamera auf nicht genügend Pixel abgebildet wird. Wie jedoch durchgeführte Testmessungen gezeigt haben, ist auch dieser Teilbereich des Temperaturverlaufs als Referenz nutzbar. Zur besseren Wiederverwendbarkeit wurden die Messergebnisse auf ihr Maximum normiert.

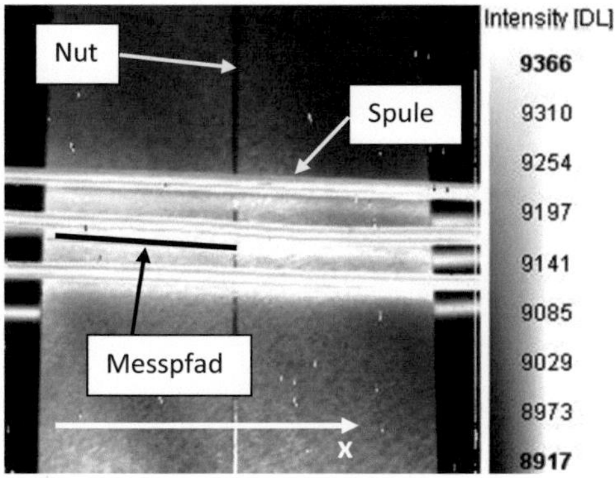

Abb. 5.2: Infrarotbild zur Ermittlung der Referenzwerte des Messsystems und Auswertung des Temperaturverlaufs entlang des eingezeichneten Pfades

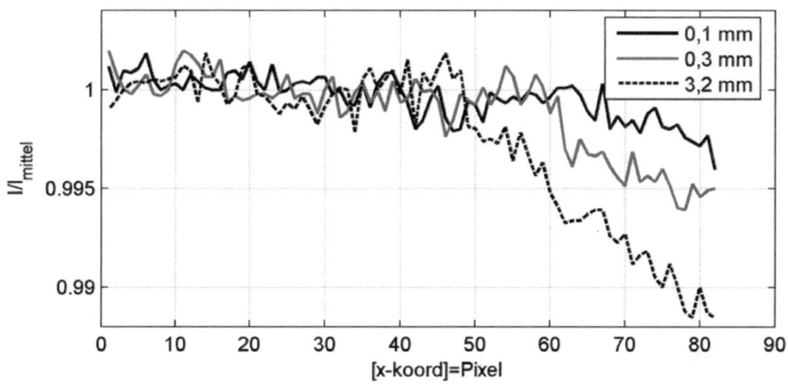

Abb. 5.3: Messreihe aufgenommener Intensitätsverläufe entlang eines Pfades zur Ermittlung der Referenzwerte (Breite = 0,5 mm bei Tiefen von 0,1 mm, 0,3 mm und 3,2 mm)

Für eine bessere Aussagekraft ist eine Filterung mit einem gleitenden Mittelwert zweckmäßig. Die Mittelwertbildung wird hier über $N = 9$ Datenpunkte mit

$$\overline{d_i} = \frac{\sum_{x=0}^{\frac{N-1}{2}} d_{i-x} + d_i + \sum_{x=0}^{\frac{N-1}{2}} d_{i+x}}{N} \tag{5.1}$$

durchgeführt. Hier bezeichnet d den Wert des jeweiligen Datenpunktes und N die Anzahl der betrachteten Datenpunkte. Die in Abb. 5.2 dargestellte Skalierung des Thermogramms ist von der Firma IRCAM speziell für nicht temperaturkalibrierte Infrarotkameras vorgegeben, die die detektierte und digitalisierte (DL = digital level) Intensität des jeweiligen Pixels des Detektors angibt.

Die aufgenommenen Datensätze können, um die spätere Weiterverarbeitung zu vereinfachen, durch ein Polynom approximiert werden, sodass für die Nutzung nur die Koeffizienten und der Grad des Polynoms gespeichert werden müssen. Alternativ können auch die Messwerte in einer Referenztabelle dem Programm zur Auswertung hinterlegt und so eine Bestimmung der Tiefe vorgenommen werden.

Die Messreihen zur Referenzwertaufnahme wurden an Testobjekten mit 0,5 mm und 1,0 mm breiten Nuten aufgenommen. Die Ausdehnung der Nuttiefe in y-Richtung geht in Schritten von 0,1 mm von 0,1 mm bis 1,0 mm und eine weitere Probe mit 3,2 mm. In Abb. 5.3 wurden, um eine bessere Übersicht zu gewährleisten, nur drei der aufgenommenen Graphen dargestellt.

Zum Aufnehmen der Referenzwerte wurde das bereits vorgestellte IRCAM-System genutzt. Zusätzlich ist eine Vergrößerungsoptik notwendig, um einen ausreichend großen Bereich der Nutkante auf dem Detektor abbilden zu können.

Wichtig beim Aufnehmen der Referenzkennlinien ist, dass diese reproduzierbar und unter konstanten Bedingungen aufgenommen werden, um später bei Messungen die fehlerhafte Beeinflussung durch falsche Referenzwerte zu reduzieren.

Für die Auswertung wird später die Breite des gemessenen Intensitäts- bzw. Temperaturverlaufs genutzt. Die Breite des Temperaturverlaufs gibt bezogen auf den Messpfad an, wie weit der Abstand zwischen dem Temperaturabfall und der Nutkante ist. Der Punkt des beginnenden Temperaturabfalls wird durch das deutliche Unterschreiten der mittleren defektfreien Oberflächentemperatur bestimmt. Die Grenze der Nut, bis zu der die Breite gemessen wird, kann durch das Erreichen einer annähernd konstanten Temperatur bestimmt werden. Bei Rissen oder sehr tiefen Nuten mit einer geringen Breite muss hier zusätzlich der Einfluss des Emissionsgrades berücksichtigt werden. Durch die Abschattung erhöht sich somit der Emissionsgrad vergleichbar mit einem Schwarzen Strahler. Hierdurch erhöht sich auch die scheinbar detektierte Temperatur bzw. Intensität.

5.2.2 Limitation der Messwertaufnahme durch die Infrarotkamera

Aufgrund der noch geringen Auflösung von infrarotempfindlichen Detektoren, die derzeit auf dem Markt verfügbar sind, ist das Aufnehmen von hochaufgelösten Messreihen sehr problematisch. Eine Möglichkeit ist, mit sehr großen Detektorarrays mit mehreren Millionen Pixeln oder mit schnellen Scannern eine zu prüfende Oberfläche abzutasten. Eine weitere Möglichkeit ist die Nutzung von speziellen Mikroskopaufsätzen oder Zusatzobjektiven mit denen ein kleinerer Bereich der Bauteiloberfläche sehr genau aufgelöst werden kann. Bei der Verwendung von Vergrößerungsobjektiven, wie sie in dieser Arbeit eingesetzt werden, ist zu beachten, dass sich der Abstand zwischen der Infrarotkamera und dem Prüfobjekt stark verkleinert. Zusätzlich kann die Kamera einem größeren elektromagnetischen Feld ausgesetzt werden. Dieses Feld verursacht im Extremfall ein höheres Detektorrauschen und kann unter Umständen eine zusätzliche Schirmung der Kamera erforderlich machen.

In den nachfolgend diskutierten Messungen wurde ein spezielles Objektiv genutzt, mit dem der in Abb. 5.4. dargestellte sichtbare Bereich untersucht werden konnte. Dieser Bereich ist auf der Objektoberfläche ca. 1,5 cm x 1,5 cm groß und wird von 256 x 256 Pixeln abgebildet. Bei den Untersuchungen wird nur der mittlere Bereich des Detektors genutzt, um Randeffekte zu vermeiden. Der evaluierte Bereich beschränkt sich somit auf ca. 100 Pixel. Bei den folgenden Messungen ist der Sichtbereich auf die linke Kante der Nut ausgerichtet. Es zeigt sich, dass dieser Bereich für eine Auswertung der Tiefe einer Nut ausreichend ist.

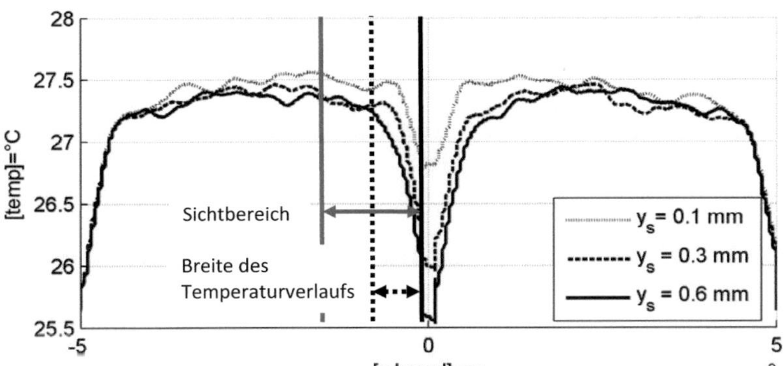

Abb. 5.4: Darstellung des Sichtbereichs und der Breite des Temperaturverlaufs beim Durchführen einer Messung anhand von Simulationsergebnissen

5.2.3 Simulierte und gemessene Referenzwerte

In folgender Tabelle 5.1 sind die simulierten und gemessenen Werte der Breite der Temperaturverläufe an der Bauteiloberfläche bei der Referenzwertermittlung angegeben. Sie dienen den nächsten Messungen als Referenzwert. Die simulierten und gemessenen Breiten beziehen sich auf die Vermessung einer Nutflanke durch die Approximation einer linearen Funktion. Diese Methode zur Auswertung des Temperaturverlaufs ist in Kapitel 5.4 detaillierter beschrieben.

Tabelle 5.1: Gemessene und simulierte Referenzwerte der Breite des Temperaturabfalls an der Bauteiloberfläche zur Bestimmung der Tiefe einer Nut mit dem einseitigen Kriterium zur Auswertung des Temperaturverlaufs

Tiefe der Nut in mm	Breite der Nut in mm	Gemessene Breite der Temperaturverteilung in Pixeln	Simulierte Breite der Temperaturverteilung In Pixeln
0,1	0,5	19	17,2
0,2	0,5	23	21,2
0,3	0,5	27	23,4
0,4	0,5	28	25,0
0,5	0,5	29	25,9
0,6	0,5	29	26,9
0,7	0,5	31	27,8
0,8	0,5	32	28,1
0,9	0,5	33	28,5
1,0	0,5	34	28,8
3,2	0,5	39	30,1
4,2	0,5	42	30,3
0,1	1,0	21	16,3
0,2	1,0	24	19,9
0,3	1,0	26	23,3
0,4	1,0	27	24,8
0,5	1,0	28	26,5
0,6	1,0	31	27,3
0,7	1,0	32	28,2
0,8	1,0	33	28,6
0,9	1,0	33	28,8
1,0	1,0	34	28,9
2,2	1,0	37	29,4
3,2	1,0	41	29,7

Die Breite des Temperaturabfalls ist in Abb. 5.5 für die in Tabelle 5.1 aufgeführten Referenzwerte grafisch dargestellt. Es ist sehr gut zu erkennen, dass bei der einseitigen Auswertung des Temperaturverlaufs der Testobjekte mit einer 0,5 mm und 1,0 mm breiten Nut ein ähnlicher Zusammenhang besteht.

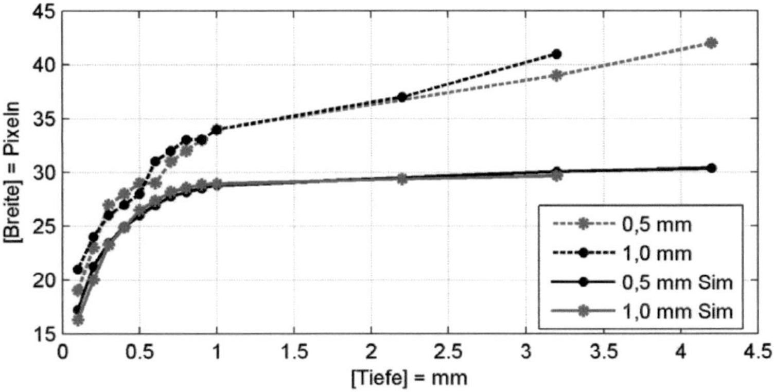

Abb. 5.5: Ermittelte Breiten des Temperaturabfalls (Breite der Nut: 0,5 mm und 1,0 mm) bei der gemessenen und simulierten Referenzwertermittlung

Die in Abb. 5.5 eingezeichnete Punktlinie soll dem besseren Verständnis und der Darstellung des Zusammenhangs zwischen der Breite des Temperaturabfalls und der Tiefe der Nut dienen.

Mit der Simulation können die in Tabelle 5.1 angegebenen Werte für die Breite des Temperaturabfalls bestimmt werden. Um die ermittelten Breiten der einzelnen Simulationen besser voneinander trennen zu können, wird hier eine weitere Stelle nach dem Komma angegeben. Zwischen den gemessenen und den simulierten Referenzwerten der Breite liegt ein mittlerer Faktor von 1,2. Durch die Darstellung der simulierten und der gemessenen Werte in Abb. 5.5 kann gezeigt werden, dass der qualitative Verlauf ähnlich ist. In der Simulation ist bei Proben mit einer Nuttiefe von 3,2 mm und 4,2 mm nur noch eine geringe Differenz feststellbar. Dies bedeutet, dass in der Simulation nahezu kein Strom unter der Nut hindurchfließt. Daher werden sich zwei unabhängige Wirbelstromkreise ausgebildet haben. Bei den Messungen hingegen kann eine größere Differenz ermittelt werden.

Abweichungen können durch die nummerische Drift in der Simulation auftreten. Hingegen können bei Messungen, neben den Schwankungen der Anregungsfrequenz, zeitliche

Abweichungen beim Starten und Beenden der Anregung auftreten. Dies beeinflusst und verändert die Temperaturverteilung an der Bauteiloberfläche. Zusätzlich wird bei der Bestimmung der Breite durch das Rauschen, welches das Messsignal beinhaltet, stets ein größerer Bereich in der Umgebung des Risses bestimmt.

Der Unterschied zwischen den abgebildeten Messungen könnte eine geringfügig unterschiedliche Anregungsfrequenz sein, die durch Dauerbelastung des Induktionssystems hervorgerufen werden kann. Abweichungen der Anregungsfrequenz könnten beispielsweise durch eine minimale Erwärmung des Induktionssystems und besonders durch die Erwärmung des Induktors hervorgerufen werden. Diese Erwärmung führt zu einer Widerstandsänderung, woraus eine Verstimmung des Anregungsschwingkreises resultiert.

Der Temperaturverlauf an der Bauteiloberfläche ist aufgrund der geringen Detektorauflösung trotz Vergrößerungsoptik sehr schwer zu bestimmen.

Die Vermessung der Verläufe der Oberflächentemperaturen auf beiden Seiten der Nut kann den Messfehler verringern und dadurch die Zuverlässigkeit der Tiefenbestimmung erhöhen. Bei der zweiseitigen Betrachtung bietet sich ein Polynom 4-ten Grades mit $y = a_{1x}^4 + a_{2x}^3 + a_{3x}^2 + a_{4x} + a_5$ zur Approximation an.

Durch die in Tabelle 5.1 und Abb. 5.5 angegeben Messwerte ist erkennbar, dass bei der einseitigen Vermessung der Breite des Temperaturverlaufs die bestimmte Tiefe der Nut unabhängig von der Breite ist. Zwischen den angeführten Messwerten der 0,5 mm und der 1,0 mm breiten Nut besteht bei gleicher Tiefe nur eine Differenz von wenigen Pixeln. Bei einem Polynom 4-ten Grades ist die Bestimmung der Tiefe nicht unabhängig von der Breite. Mit Abb. 5.5 kann außerdem gezeigt werden, dass die Methode der Approximation einer linearen Funktion zur Bestimmung der Nuttiefe herangezogen werden kann. Die Approximation einer linearen Funktion und eines Polynoms 4-ten Grades wird in Kapitel 5.4 detailliert betrachtet. Es ist zu erkennen, dass bei den untersuchten Nuten mit verschiedenen Tiefen eine unterschiedliche Breite des Temperaturverlaufs bestimmt wird. Dieser Zusammenhang wird in den weiteren Messungen zur Bestimmung der Tiefe genutzt.

Durch den Einsatz der Simulationsergebnisse zum Auswerten von Messergebnissen kann der große Aufwand des Aufnehmens von Referenzmessungen deutlich reduziert werden. Es müssen damit keine speziellen Testobjekte mehr hergestellt werden. Auch die äußeren Einflussfaktoren wie die Umgebungstemperatur oder die Änderung der Anregungsfrequenz können mit vergleichsweise geringem Aufwand analysiert werden. Da die

Simulationsergebnisse jedoch quantitativ nicht mit den gemessenen Werten übereinstimmen, können sie nur zur groben Einordnung genutzt werden.

5.2.4 Eigenschaften der Referenzkurven

Die aufgenommenen Referenzkurven des Messsystems sind in sehr hohen Maße von den Materialeigenschaften der Testobjekte abhängig. Zur Verdeutlichung sei hier auf die Unterschiede bei der Ausbreitung von Wirbelströmen in ferritischen und austenitischen Werkstoffen in Kapitel 3.3.5.1 hingewiesen. Bei ferritischen Materialien verlaufen die Wirbelströme wesentlich dichter an der Materialoberfläche. Hierfür sei auf Gleichung (3.45) in Kapitel 3.3.5.1 verwiesen. Die Skintiefe ist neben der Feldfrequenz f auch von der elektrischen Leitfähigkeit σ und der Permeabilität μ abhängig. Da ferritische Stähle eine bessere Leitfähigkeit aufweisen als austenitische Stähle und sie ebenfalls eine wesentlich höhere relative Permeabilität haben ($\mu_{r\,ferrit} \approx 1.000$ bzw. $\mu_{r\,austenit} \approx 1$), ergibt sich dieser große Unterschied.

Da die Ermittlung der Referenzwerte sehr genau und reproduzierbar durchzuführen ist und kleinste Unterschiede zwischen den Messungen das Ergebnis beeinflussen, ist es sinnvoll, die Testobjekte in einer speziellen Vorrichtung einzuspannen. Auf diese Weise ist sichergestellt, dass bei allen Messungen der gleiche Abstand zum Induktor vorliegt und der vordefinierte Pfad zur Auswertung der Oberflächentemperaturen nicht angepasst oder verschoben werden muss. Zusätzlich ist es so möglich, die Messungen reproduzierbar und erheblich schneller durchzuführen.

5.3 Bestimmung der Tiefe von Nuten und Rissen mit der induktiv angeregten Thermografie

Wie gezeigt wurde, ist der Verlauf der Wirbelströme an den Kanten der Nut abhängig von der Tiefe und der Anregungsfrequenz. Demzufolge ist auch die Temperaturverteilung an der Oberfläche abhängig von der Tiefe der Nut. Bei den Messungen wird nun dieser Temperaturverlauf an den Kanten der Nuten aufgenommen und ausgewertet. Anschließend wird der aufgenommene Temperaturverlauf mit den Referenzkennlinien der Messungen und Simulationen verglichen und so die Nut- als auch die Risstiefe ermittelt.

Anhand des Schemas in Abb. 5.6 soll die Vorgehenswiese zur Bestimmung der Tiefe verdeutlicht werden.

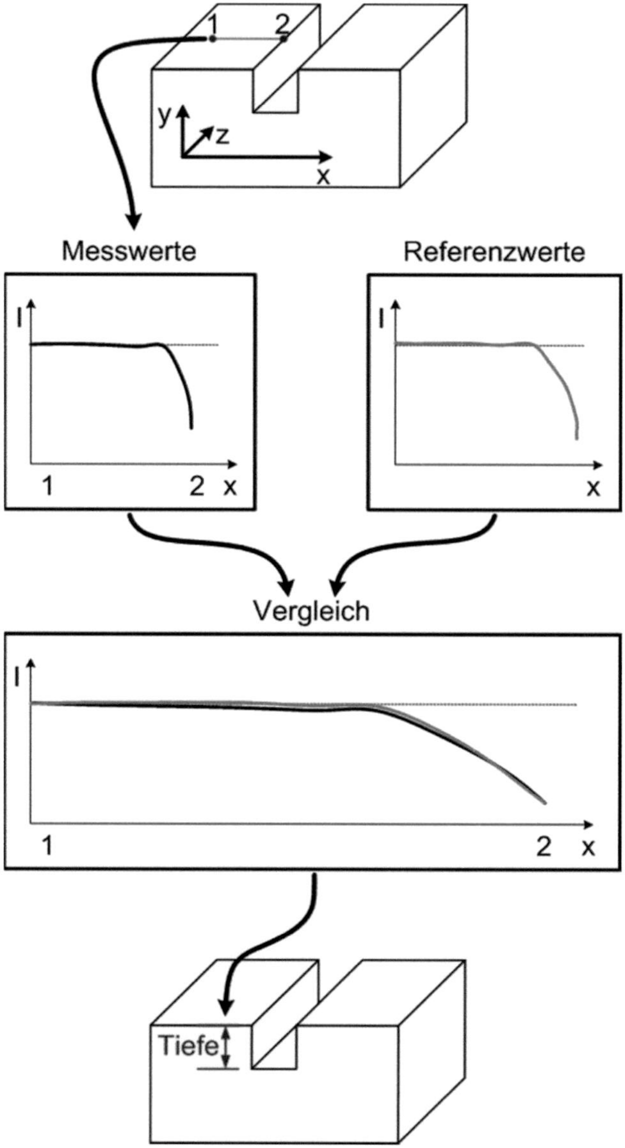

Abb. 5.6: Schema zur Bestimmung der Tiefe eines Risses oder einer Nut mittels induktiv angeregter Thermografie

Da die verwendete Infrarotkamera nicht die notwendige Auflösung hat, um die betrachteten Bauteile vollständig abzubilden und zusätzlich den Temperaturverlauf in der direkten Umgebung der Nut ausreichend genau aufzulösen, wurden die Messungen in zwei Schritten durchgeführt. Zuerst wurde das komplette Bauteil abgebildet. Bei dieser Messung wird die Nut lokalisiert. Anschließend wird im zweiten Schritt mit dem Zusatzobjektiv die Temperaturverteilung betrachtet. Zur Auswertung der Temperaturverteilung wird ein Pfad definiert, der senkrecht zur Nut verläuft.

In Abb. 5.6 ist schematisch ein Testobjekt mit einer Nut und dem für die Auswertung genutzten Pfad, auf dem die Oberflächentemperaturen ausgewertet werden, dargestellt. Es wird somit nicht die Temperatur in der Nut, sondern auf der umgebenden Oberfläche ausgewertet. Auf diese Weise wird sowohl die Tiefe einer Nut als auch die Tiefe eines Risses bestimmt.

Zur besseren Handhabung und Speicherung kann es auch sinnvoll sein, die Referenzkurven durch eine Approximation eines Polynoms n-ten Grades zu parametrisieren (Kapitel 5.4). Dies hat den Vorteil, dass nicht die kompletten Messreihen dem Auswertungsalgorithmus hinterlegt werden müssen. In diesem Fall reichen die Koeffizienten und die Art des Polynoms aus.

In dieser Arbeit wird zum Auswerten der Tiefe der Abstand zwischen dem deutlichen Abfall der Detektorintensität (schwarze Quadrate) und der Nut (Senkrechte 2) herangezogen. Dieser Zusammenhang ist in Abb. 5.7 zu erkennen.

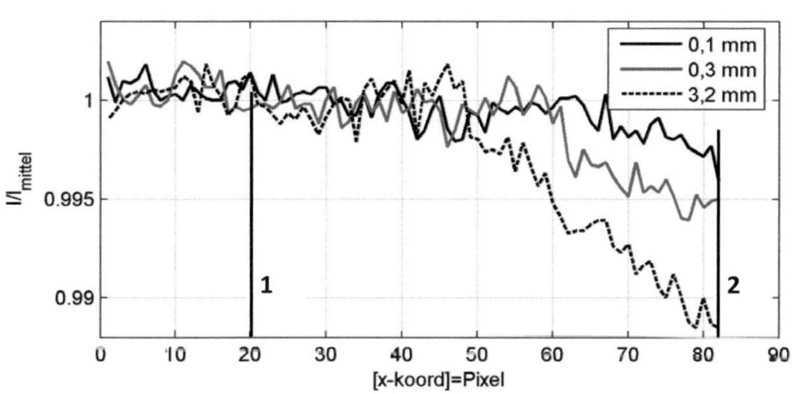

Abb. 5.7: Mechanismus zur Bestimmung der Tiefe einer Nut anhand eines Signalausschnittes zwischen Punkt 1 und 2 nach Abb. 5.6

Die eingezeichneten schwarzen Quadrate befinden sich an den berechneten Positionen der Knickpunkte des Temperaturverlaufs. Durch die Definition des Pfades bezeichnet die Breite des Temperaturabfalls den Bereich zwischen dem Quadrat und dem Ende des Messpfades.
Die in den folgenden Kapiteln präsentierten Mess- und Simulationsergebnisse werden zeigen, dass dieser Mechanismus auch auf Risse angewendet werden kann.
Im Folgenden sollen nun Methoden vorgestellt werden, wie der Knickpunkt, ab dem die Temperatur deutlich abfällt, bestimmt werden kann.

5.4 Methoden zur Auswertung der Tiefe anhand von Simulationsergebnissen

Für die Bestimmung des Knickpunktes werden in dieser Arbeit vier verschiedene Methoden vorgestellt. Schematisch sind diese Methoden in Abb. 5.8 aufgeführt.

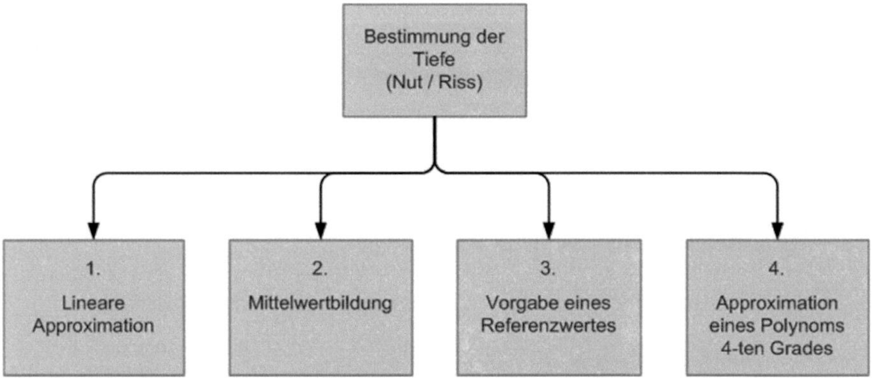

Abb. 5.8: Schematische Darstellung der untersuchten Methoden zur Vermessung des Oberflächentemperaturverlaufs

Die Vermessung des Oberflächentemperaturverlaufs mit der Approximation einer linearen Funktion (Methode 1) stellt eine vergleichsweise einfache und schnelle Methode dar. Hier wird durch das Annähern einer Geraden an die Messwerte der Schnittpunkt des Mittelwerts der defektfreien Oberfläche mit der berechneten linearen Funktion ermittelt.
Bei der zweiten und dritten Variante werden lediglich Schwellwerte vorgegeben, die sich an der homogenen Oberflächentemperatur orientieren. Bei der Methode mit Mittelwertbildung wird über alle Messpunkte des Pfades die mittlere Temperatur bestimmt. Anschließend wird dann der Kreuzungspunkt zwischen dem berechneten Temperaturlevel und den Messwerten

ermittelt. Ähnlich funktioniert die Methode mit der Vorgabe eines konstanten Referenzwertes. Diese Referenz wird durch eine Probemessung bestimmt und orientiert sich an der mittleren Oberflächentemperatur. Dieser Wert wird für alle nachfolgenden Messungen zur Bestimmung des Schnittpunktes mit den Messwerten herangezogen.

Die vierte Methode zur Bestimmung der Breite des Temperaturabfalls mit einem Polynom 4-ten Grades ist nur für Messungen über die gesamte Nut oder den Riss geeignet. Hier wird das Polynom an die Messwerte entlang des Pfades approximiert. Die Breite der Nut oder des Risses kann hier über den Abstand der beiden Maxima bestimmt werden. Bei dieser Methode muss jedoch die Breite der Öffnung des Risses oder der Nut zusätzlich vermessen werden. Denkbar ist hier auch ein Polynom 2-ten Grades zu nutzen und die Schnittpunkte mit der gemittelten Oberflächentemperatur zu bestimmen.

Die Methoden 1 bis 4 werden im Folgenden anhand von Simulationsergebnissen vorgestellt.

5.4.1 Bestimmung der Tiefe durch Approximation einer linearen Funktion

In dieser Arbeit wird zum Auswerten der Tiefe der Abstand zwischen dem deutlichen Temperaturabfall und der Kante der Nut bzw. des Risses herangezogen. In Kapitel 5.3 konnte bereits gezeigt werden, dass diese Vorgehensweise zur Bestimmung der Tiefe einer Nut eingesetzt werden kann. Dieser Algorithmus ist zusätzlich unabhängig von der Breite der Nut, da für die Bestimmung der Tiefe nur der Temperaturverlauf bis zum Riss bzw. der Nut ausreicht. Der Zusammenhang ist in Abb. 5.7 an einer durchgeführten Messung an verschiedenen Nuten verdeutlicht.

Als Referenz zur Detektion des Temperaturabfalls wird die mittlere Oberflächentemperatur des defektfreien, an den Nut angrenzenden Bereichs, genutzt. Der durch die Nut beeinflusste Bereich kann im einfachsten Fall durch eine lineare Funktion angenähert werden. Ausschlaggebend für die Tiefe sind die in Abb. 5.7 eingezeichneten Punkte, bei denen die linearen Funktionen den Mittelwert der defektfreien Oberflächentemperatur schneiden. Dieser Mittelwert der Temperaturen oder, wie hier, die digitalisierten vom Detektor gemessenen Strahlungsintensitäten können im Thermogramm durch Berechnung des Mittelwertes eines defektfreien Bereichs bestimmt werden (Bilden des Mittelwerts eines flächigen Oberflächenabschnitts). In Abb. 5.7 kann dies durch die Berechnung des Mittelwerts der ersten 40 Pixel der Messreihe vorgenommen werden. Somit ergibt sich mit $I_{mittel} = \frac{\sum_{x=1}^{40} d_x}{40}$ ein Mittelwert von 9.290 DL (Digital Level des Detektors). Hierbei ist I_{mittel}

der Mittelwert der detektierten Intensitäten und d_x der Wert des jeweiligen Datenpunktes. Der weitere Verlauf ausgehend vom 60. Datenpunkt wird mit einer linearen Funktion nach $y = m \cdot x + n$ approximiert. Die drei dargestellten Messungen lassen sich durch die Position des schwarz eingezeichneten Schnittpunktes sehr gut unterscheiden. Dieser Punkt verschiebt sich in Abhängigkeit von der Tiefe der Nut in x-Richtung.

5.4.2 Bestimmung der Tiefe mit Mittelwertbildung

Eine einfache Methode, um die Breite des Temperaturabfalls an der Prüfteiloberfläche zu kategorisieren (Ausschuss Ja/Nein), wird in folgender Darstellung (Abb. 5.9) vorgestellt.

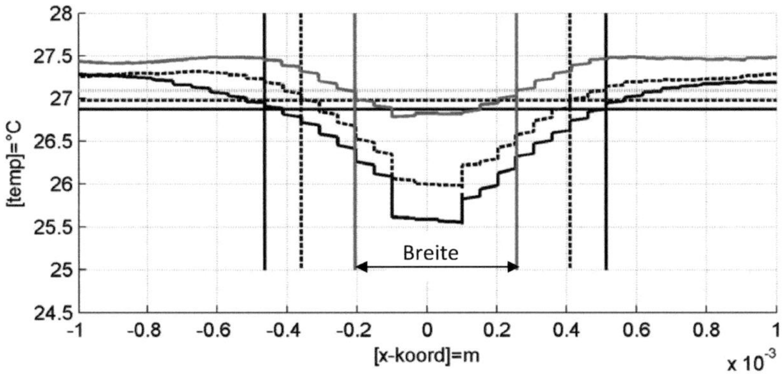

Abb. 5.9: Bestimmung der Tiefe mit Mittelwertbildung über alle aufgenommenen Messwerte entlang des Pfades

Hier wird in dem jeweiligen Temperaturverlauf die mittlere Temperatur über den gesamten Pfad berechnet. Diese mittlere Temperatur dient der späteren Berechnung als Referenzlevel. Anschließend werden die Schnittpunkte des Referenzlevels mit den Messwerten entlang des vordefinierten Pfades berechnet.

Die Differenz der absoluten Beträge der Koordinaten der beiden Schnittpunkte ergibt die Breite des Temperaturabfalls. Mit dieser Breite des Temperaturverlaufs kann nun mit den Referenzwerten die Tiefe des Risses oder der Nut bestimmt werden.

Der Nachteil dieses Verfahrens ist, dass die Tiefe von der Nutbreite abhängig ist.

Verbessert werden kann dieses Verfahren, indem zwei einseitige Breiten des Temperaturverlaufs berechnet werden. Durch Mittelwertbildung der Ergebnisse kann die

Tiefenbestimmung unabhängig von der Breite und somit genauer bestimmt werden, da die Tiefe nicht mehr von der Breite abhängt.

5.4.3 Bestimmung der Tiefe mit Referenzvorgabe

Eine vereinfachte Berechnungsmethode, die sich aus Kapitel 5.4.2 ableitet, wird in Abb. 5.10 dargestellt. Diese Methode erlaubt im Fertigungsprozess die unmittelbare Sortierung der Prüfstücke in die Kategorien Ausschuss bzw. kein Ausschuss hinsichtlich ihrer Risstiefen.

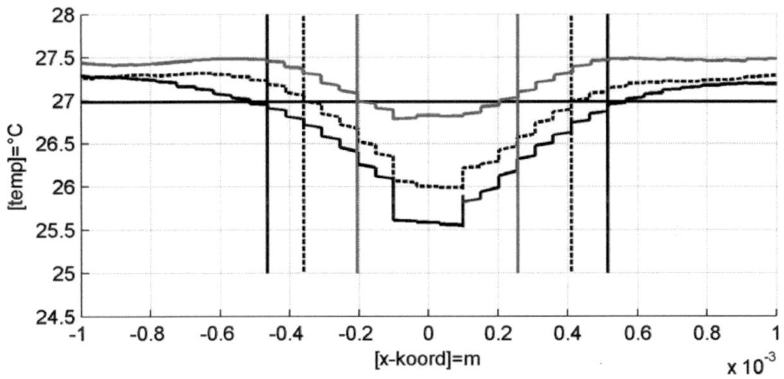

Abb. 5.10: Bestimmung der Nuttiefe mit Referenzmittelwert

Für diesen Auswertungsalgorithmus wird lediglich ein Referenzwert definiert, der für die spätere Berechnung genutzt wird. Dieser Referenzwert wird bei einer Probemessung ermittelt und orientiert sich an der mittleren Oberflächentemperatur. Diese Referenz wird für alle nachfolgenden Messungen zur Bestimmung des Schnittpunktes mit den Messwerten herangezogen. Hier werden wiederum die Schnittpunkte mit der Messreihe und dem Referenzmittelwert ermittelt. Bei dieser Methode stellt die Breite der Nut nur eine untergeordnete Rolle dar. Die definierte Referenz stellt einen Schwellwert dar. Somit kann durch die Berechnung von Schnittpunkten festgestellt werden, ob die Nut eine bestimmte Tiefe überschreitet. Zusätzlich kann, falls zwischen der Referenz und den Messpunkten Schnittpunkte vorhanden sind, nach der Berechnung die Tiefe wie im vorherigen Abschnitt bestimmt werden.

5.4.4 Bestimmung der Tiefe mit einem Polynom 4-ten Grades

Zuletzt soll die Bestimmung der Tiefe mittels einer Approximation eines Polynoms vorgestellt werden. Im Gegensatz zu den bisher vorgestellten Algorithmen müssen die untersuchten Nuten sehr ähnlich zu den Nuten bei der Ermittlung der Referenzwerte sein. Diese Methode ist demnach hervorragend für Sägeschnitte oder gefräste Nuten geeignet, bei denen die Breite bekannt ist.

Bei dieser Auswertungsmethode wird die Breite im Thermogramm durch einen Polynomfit und die Berechnung der jeweiligen Koordinaten der Maxima bestimmt. Die Approximation des Polynoms wird nur auf den Bereich angewendet, der deutlich unter das jeweilige Mittel der Messwerte gefallen ist. Die Breite entspricht der Differenz der Beträge der Koordinaten der Maxima. Diese Berechnung ist ausschließlich für die vollständige Abbildung von Nuten geeignet.

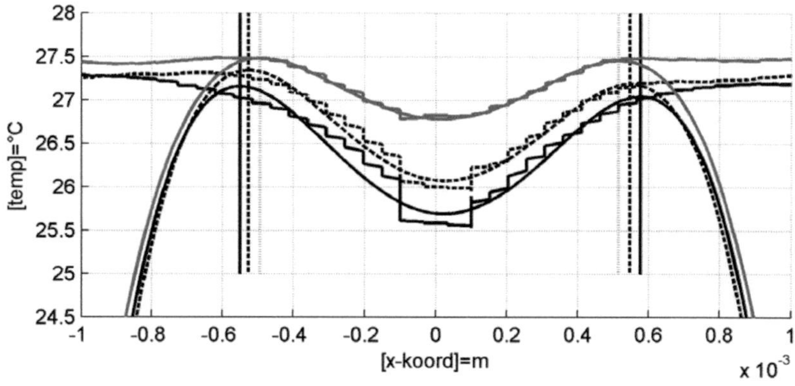

Abb. 5.11: Bestimmung der Tiefe der Nut mit einem Polynom 4-ten Grades

In Abb. 5.11 sind drei Temperaturverläufe unterschiedlicher Nuten und die zugehörigen approximierten Polynome 4-ten Grades ($y = a_{1x}^4 + a_{2x}^3 + a_{3x}^2 + a_{4x} + a_5$) dargestellt. Die zusätzlich eingezeichneten senkrechten Punktlinien zeigen die Position der jeweiligen Maxima.

Die gezeigte Methode lässt sich auch bei der einseitigen Betrachtung des Temperaturverlaufs einsetzen, indem statt einem Polynom 4-ten Grades ein Polynom 3-ten Grades verwendet wird. Hierbei müsste dann wiederum die Kante des Risses oder der Nut bestimmt werden.

5.4.5 Zusammenfassung und Vergleich der Methoden

Die vier vorgestellten Methoden zur Bestimmung der Breite des Temperaturabfalls an der Oberfläche entlang des Pfades haben unterschiedliche Vorteile und eignen sich damit für verschiedene Aufgaben.

Die zweite und dritte Methode, bei denen ein Schwellwert zur Berechnung des Kreuzungspunktes mit den Messdaten herangezogen wird, sind eine sehr einfache Herangehensweise. Allein durch die Betrachtung der aufgenommenen Messwerte hinsichtlich des Rauschens kann festgestellt werden, dass es auch bei der Betrachtung lediglich einer Seite der Nut oder des Risses mehr als nur einen Schnittpunkt mit dem Referenzlevel geben kann. Hierdurch ist eine sehr große Unsicherheit zu erwarten. Vorteil dieser Methoden ist jedoch, dass sie vergleichsweise mit sehr geringem Rechenaufwand verbunden sind und somit weniger Zeit in Anspruch nehmen. Diese Methoden sind für die einseitige als auch für die vollständige Betrachtung der Nut geeignet.

Die Methode mit der Approximation einer linearen Funktion in den Bereich der abfallenden Temperaturen ermöglicht, im Vergleich zu den bereits genannten Methoden, eine eindeutigere Bestimmung der Schnittpunkte. Durch die Notwendigkeit der Segmentierung der Messwerte zur Berechnung des Mittelwerts der Oberflächentemperaturen im defektfreien Bereich wird ein weiterer Algorithmus benötigt. Letztendlich kann hier die Breite des Temperaturverlaufs an der Objektoberfläche auf die Berechnung eines Schnittpunktes zweier linearer Funktionen zurückgeführt werden. Diese Methode ist ebenfalls für die einseitige als auch für die doppelseitige Betrachtung geeignet und hat den Vorteil unabhängig von der Breite der betrachteten Nut zu sein.

Bei der Approximation eines Polynoms 4. Grades kann die größte Genauigkeit erreicht werden. Hier wird der gesamte Messwertbereich der Nut genutzt. Nachteilig ist jedoch, dass mit dieser Methode nur die komplette Nut untersucht werden kann. Eine einseitige Bestimmung der Tiefe ist nicht möglich. Diese Vorgehensweise benötigt die längste Rechenzeit, da zunächst die Annährung des Polynoms an die Messwerte erfolgt und anschließend die beiden Maxima bestimmt werden müssen. Erst dann kann die Breite des Temperaturverlaufs berechnet werden.

Im Folgenden soll in Tabelle 5.2 ein Vergleich der vorgestellten Methoden gezeigt werden.

Tabelle 5.2: Vergleich der vorgestellten Methoden hinsichtlich Rechenaufwand und Genauigkeit

Methode	Rechenaufwand (Zeit)	Genauigkeit
Approximation einer linearen Funktion	mittel (4,1 s)	mittel
Mittelwertbildung	mittel (2,5 s)	gering
Referenzvorgabe	gering (1,3 s)	gering
Approximation eines Polynom 4-ten Grades	sehr hoch (6,2 s)	sehr hoch

Zur Auswertung der weiteren Messungen, wie auch schon in Kapitel 5.3, wird die Approximation einer linearen Funktion genutzt. Diese Methode bietet einen guten Kompromiss zwischen dem zeitlichen Rechenaufwand und der Genauigkeit.

Die Methoden Mittelwertbildung und Referenzvorgabe empfehlen sich nur, wenn das Prüfergebnis innerhalb einer sehr kurzen Zeit vorliegen muss oder nur eine grobe Abschätzung der Tiefe getroffen werden soll.

Die Bestimmung der Tiefe mit einem Polynom 4-ten Grades ist ratsam, wenn die Tiefe mit einer sehr hohen Genauigkeit bestimmt werden muss. Sie kann zur Auswertung der vollständigen Nut unabhängig von der Breite verwendet werden.

Unter der Voraussetzung der einseitigen Betrachtung des Temperaturverlaufs kann eine sehr große Ähnlichkeit zwischen einer Nut und einem Riss geschaffen werden. Durch diese Annahme wird die Methode zur Bestimmung der Tiefe einer Nut im Folgenden auch auf Risse angewendet. Die durchgeführten Messungen an Rissen werden diese Annahme bekräftigen.

6 Simulationsbasierte Tiefenbestimmung der induktiv angeregten Thermografie mit der Software Ansys

Die Berechnung und Simulation von Problemstellungen der Wärmeübertragung dient dazu, die Temperaturen zu einem bestimmten Zeitpunkt in einem Bauteil zu bestimmen. Bis auf die Bauteilränder, an denen Randbedingungen vorgegeben sind, stellen die örtlich aufgelösten Temperaturen im Bauteil in dieser Arbeit die primären Unbekannten dar.

Bislang werden thermografische Prüfverfahren ausschließlich zur Lokalisation von Fehlern in elektrisch leitenden Materialien verwendet. Speziell bei der induktiv angeregten Thermografie ist zusätzlich auch eine quantitative Aussage über die genaue Risstiefe möglich. Die Bestimmung der Risstiefe ähnelt dem Potentialsondenverfahren, bei dem mit zwei Elektroden ein Strom durch das Bauteil geleitet und mit zwei weiteren in einem konstanten Abstand an der Oberfläche der Spannungsabfall gemessen wird. In der Umgebung von Rissen liegt eine höhere Stromdichte vor, sodass unter der Voraussetzung eines konstanten spezifischen Widerstands nach $U = R \cdot I$ ein höherer Spannungsabfall gemessen werden kann.

In folgender schematischer Darstellung (Abb. 6.1) werden die mit der Simulation untersuchten Einflussparameter dargestellt.

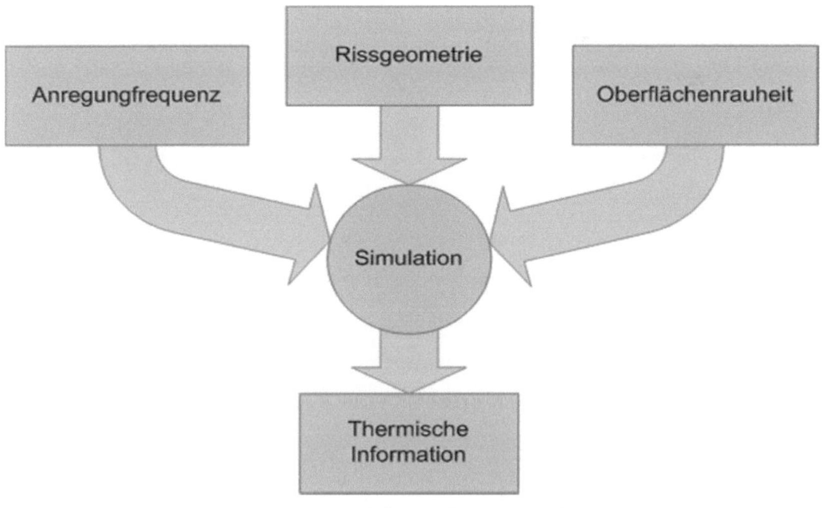

Abb. 6.1: Schematische Darstellung der in dieser Arbeit durchgeführten Untersuchungen

In diesem Kapitel sollen die Ergebnisse der FEM-Simulationen vorgestellt werden. Zur Kontrolle der Simulationsergebnisse kann auf Kapitel 3 verwiesen werden. Mit den dort eingeführten Grundlagen ist, wie an einem Beispiel gezeigt wurde, eine grobe Abschätzung der Oberflächentemperatur möglich.

6.1 Einteilung und Aufbau der Simulation

Simulationen werden in stationäre und instationäre bzw. transiente Simulationen eingeteilt [74] [75] [76]. Bei einer stationären Simulation sind die betrachteten Zeiträume beispielsweise einer thermischen Analyse so groß, dass alle Ausgleichsvorgänge abgeschlossen sind [77] [78]. Bei einem stationären Problem tritt keine oder lediglich eine sehr geringe und damit vernachlässigbare Änderung der Temperaturen über der Zeit auf.

Hingegen wird bei der transienten Analyse nur eine kurze Zeitdauer betrachtet, sodass die Wärmeentwicklung während der Anregung ausgewertet werden kann [79] [80]. Instationäre bzw. transiente Vorgänge beinhalten Temperaturverteilungen im Bauteil, die sich mit der Zeit ändern.

Mit dieser Unterscheidung werden die Zeitabhängigkeit des Wärmeübertragungsproblems und das zeitliche Verhalten der Zustandsgrößen im Bauteil beschrieben.

Die Simulation besteht aus einer harmonischen Simulation des Erregerfeldes, den daraus resultierenden Auswirkungen auf das Testobjekt durch die Induktion von Wirbelströmen sowie einer anschließenden transienten Simulation der Wärmeentwicklung im Prüfobjekt. Für weitere Ausführungen zur grundlegenden Modellierung soll auf [81] [82] [83] und [84] verwiesen werden.

Da bei der Induktionsthermografie die Oberflächentemperatur nach einer sehr kurzen Zeit ($\leq 1s$) gemessen wird, sind die Simulationen der thermischen Zusammenhänge transient aufgebaut [85].

Das Programm ANSYS dient zur Lösung von linearen und nichtlinearen Problemen aus der Strukturmechanik, Fluidmechanik, Akustik, Thermodynamik, Piezoelektrizität, Elektromagnetismus sowie von kombinierten Aufgabenstellungen (Multiphysik). Die Simulation der induktiv angeregten Thermografie wurde in der ANSYS Entwicklungsumgebung mit der ANSYS Parametric Design Language (APDL) entwickelt. Um den Induktionsvorgang zu simulieren, muss die Simulation eine elektrische, magnetische und thermische Analyse umfassen. Eine „coupled-field-simulation“ bietet hierfür eine einfache

Möglichkeit, diese Analysen in einer Multifieldsimulation zu koppeln. Die drei Programmteile wurden hier, wie in Abb. 6.2 gezeigt wird, verbunden. Die Simulation der elektromagnetischen Felder wird mit einer harmonischen Analyse durchgeführt. Vorteil der harmonischen Betrachtung der Felder ist, dass Ausgleichsvorgänge nicht berücksichtigt werden müssen. Es wird somit ein eingeschwungenes System vorausgesetzt. Für den Aufwärmvorgang des Testobjekts wurde eine transiente Analyse eingesetzt. Der „Loadstep" der transienten Berechnung wird innerhalb der Aufwärmzeit in 8 Zeitschritte (Steps) unterteilt, wodurch auch Zwischenschritte betrachtet werden können. In der Schnittstelle zwischen der harmonischen und transienten Analyse werden die Simulationsergebnisse der ersten Berechnungen als Eingangsparameter für die weitere Simulation herangezogen.

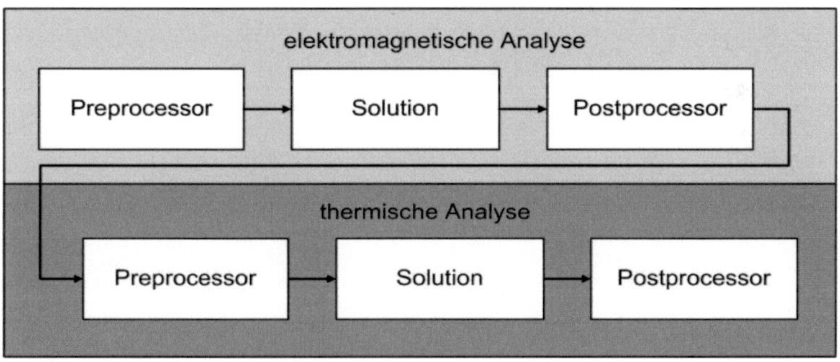

Abb. 6.2 Aufbau der Simulation der induktiv angeregten Thermografie

Bei den durchgeführten Simulationen werden in der thermischen Analyse Ausgleichsvorgänge durch Wärmestrahlung und Wärmekonvektion berücksichtigt. Hierbei wird von freier Konvektion ausgegangen.

Die Simulation wurde hinsichtlich der magnetischen Eigenschaften des Testobjekts vereinfacht. Der Zusammenhang zwischen der magnetischen Feldstärke und der magnetischen Flussdichte wird als konstant angenommen. Vergleiche zwischen Simulationen mit konstanter magnetischer Permeabilität und der nicht konstanten Permeabilität haben keine Unterschiede der Temperaturverteilung ergeben, jedoch eine erhebliche zeitliche Ersparnis.

Eine Erwärmung des Induktors und die damit einhergehende Änderung des Widerstandes wird bei der Simulation nicht berücksichtigt, da eine elektrische und thermische Auslegung nicht im Fokus dieser Arbeit liegt.

6.2 Beschreibung des Simulationsmodells

Das für die Simulation verwendete Modell zeigt Abb. 6.3. Es beschreibt einen schmalen Ausschnitt des gesamten Versuchsaufbaus. Zum Vergleich sei hier auf Abb. 4.1 verwiesen, die das komplette Prüfsystem darstellt.

Für die weiteren Betrachtungen wird das in Abb. 6.3 eingeführte Koordinatensystem genutzt, wobei die x-Achse horizontal und die y-Achse vertikal verlaufen.

Die z-Achse verläuft senkrecht aus der Zeichenebene und parallel zur Bewegungsrichtung des Testobjekts.

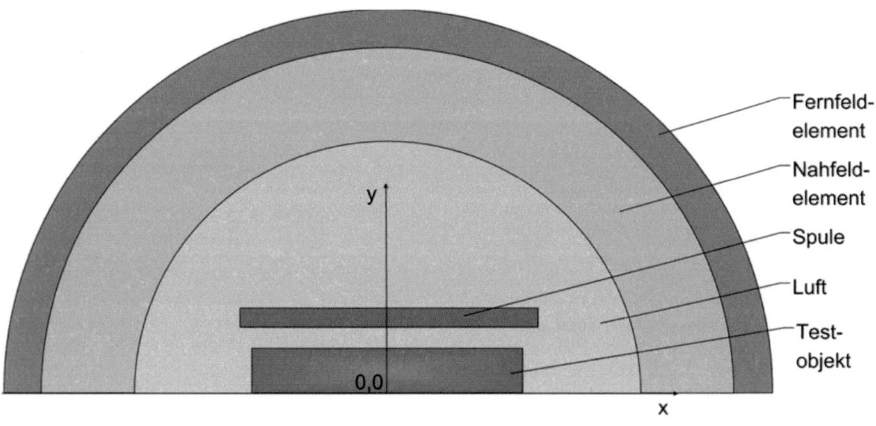

Abb. 6.3: Modell der Finite-Elemente-Simulation in Ansys

Die wichtigsten Bestandteile sind das Testobjekt, die Spule und die das Objekt umgebende Luft. Diese lässt sich in die Luft mit direktem Kontakt zum Testobjekt und zur Spule, die Nahfeldluft und die Fernfeldluft unterteilen. Diese Modellierung des umgebenden Mediums ermöglicht die Simulation von elektromagnetischen Feldern, die, außer durch das Testobjekt, nicht beschränkt werden und sich somit rechnerisch unendlich ausbreiten können, wobei das Fernfeldelement mit dem „Infinit-Flag" des Elementtyps „Infin 111" die Modellierung eines unendlich großen Raums ermöglicht.

Die Modellierung einer Spule mit mehreren Windungen kann, wie in [50] beschrieben, vereinfacht werden (vgl. Abb. 6.4). Hierbei macht es bei der Erzeugung des elektromagnetischen Feldes und somit auch bei der Simulation keinen Unterschied, ob die Induktionsspule aus vielen kleinen in Reihe geschalteten, aus wenigen oder einer großen Leiterschleife besteht. Mit Hilfe von Gleichung (3.35) kann dieser Zusammenhang beschrieben werden. Hierbei kommt es darauf an, dass das Produkt $I \cdot N$ konstant ist. Somit unterscheidet sich die Feldstärke der drei abgebildeten Spulen nicht, wenn bei 20 Windungen ein Strom von 5 A durch die Windungen fließt, bei 5 Windungen ein Strom von 20 A oder aber bei einer Windung ein Strom von 100 A fließt. Die Superposition der Spule konnte somit, wie in Abb. 6.4 gezeigt, modelliert werden.

Abb. 6.4: Vereinfachung der Spulengeometrie

Der Induktor und das Testobjekt wurden, wie Abb. 6.5 zeigt, parallel zueinander modelliert, um Einflüsse durch einen nicht konstanten Abstand zu vermeiden.
Bei Simulationen von elektromagnetischen Feldern und den dadurch in metallischen Körpern induzierten Wirbelströmen ist es notwendig, eine sehr feine Maschenweite zu nutzen. Diese Weite der Maschen beträgt gewöhnlich ein Zehntel der Skintiefe [86]. Bei hohen Anregungsfrequenzen werden so schnell sehr viele Knoten benötigt. Beispielsweise ist schon bei einer Feldfrequenz von $10\ kHz$ und einer Skintiefe von $1{,}8 \cdot 10^{-4}\ m$ eine Maschengröße von $2 \cdot 10^{-5}\ m$ notwendig. Bei üblichen Anregungsfrequenzen von mehreren $100\ kHz$ beträgt die Größe der Maschen nur noch wenige Mikrometer. Schon bei kleinen Modellgrößen können so sehr schnell mehrere Millionen Knoten berechnet werden. Um die Anzahl der Knoten dennoch so gering wie möglich zu halten, ist das Testobjekt in unterschiedliche Bereiche unterteilt. Der obere Teil, in dem auch die Wirbelströme induziert werden, ist sehr fein vernetzt. An den Randbereichen am unteren Ende des Testobjekts

konnte dann eine größere Maschengröße genutzt werden. Die Höhe des oberen Bereichs des Testobjekts ist fünfmal höher als die Skintiefe. Dadurch kann sichergestellt werden, dass die Simulation nicht unzulässig vereinfacht wird [87] [88] [89].

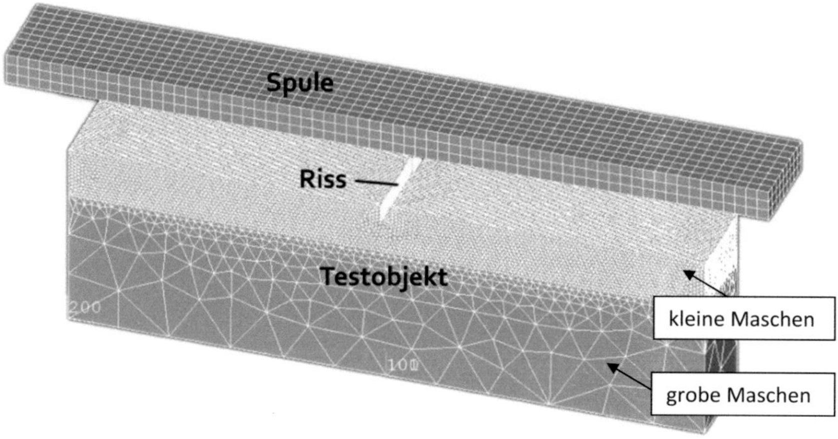

Abb. 6.5 Modellierung und Aufbau des Testobjekts und des Induktors

Der für die Modellierung der elektromagnetischen Analyse genutzte tetraederförmige Elementtyp heißt „Solid 97“ und wurde mit dem Freiheitsgrad Volt verwendet. Für die Analyse des thermischen Simulationsteils musste ein weiterer Elementtyp genutzt werden. „Solid 90“ ermöglicht die Simulation der Prüfteiltemperaturen auf der Grundlage der vorher simulierten Wirbelströme. Dies setzt voraus, dass die bestehenden Knoten, für die die jeweiligen Ergebnisse vorliegen, in den weiteren Simulationsschritten verwendet werden. Mit der zusätzlichen Definition weiterer Modelleigenschaften mit „sf,all,conv“ und „sf,all,rdsf“ können der Wärmeübergang durch Konvektion und Strahlung berücksichtigt werden.

Zusätzlich wird die Oberfläche des Testobjekts nicht als ideal glatt angenommen, sondern mit einer bestimmten Rauheit versehen, um die bestehende Simulation hinsichtlich der Modellierung noch weiter an die realen Gegebenheiten anzupassen. Hinsichtlich einer vorgegebenen Oberflächenrauheit, die in der Simulation nachgebildet wird, kann die Eindeutigkeit erheblich beeinflusst werden. Die Nachbildung der Oberflächenrauheit wird durch Multiplikation einer Zufallszahl zwischen 0 und 1 mit der maximalen Rauheitstiefe erreicht. Dieser Wert kann anschließend zur Manipulation der Koordinaten aller Knoten in der Oberfläche genutzt werden. Eine zweite Variante ist, dass zusätzliche Knotenpunkte (Nodes) eingefügt werden, die sich über der Oberfläche des Testobjektes befinden. Diese Knoten werden nachträglich in das bestehende Netz eingebunden.

6.3 Vorbetrachtungen zur Simulation der Temperaturverteilung

Eingangsgrößen für die Simulation sind die Materialparameter des Testobjekts (Tabelle 3.9), die Anregungsfrequenz, die Anregungsdauer und der Spulenstrom bzw. die Spulenspannung. Die Spannung in der Simulation wird ausgehend von Abb. 6.5 an den Stirnflächen des Induktors auf der linken und rechten Seite angelegt. Bei bekanntem Widerstand des Induktors ist es auch möglich, in der Simulation einen Strom vorzugeben. Ausgehend von den Startparametern der Simulation und dem Modell kann die Verteilung der Wirbelströme berechnet werden. In Abb. 6.6 sind simulierte Verläufe der induzierten Wirbelströme dargestellt. Zur Vereinfachung ist in Abb. 6.7 der schematische Verlauf der Stromfäden dargestellt. Aus dieser Darstellung ist erkennbar, dass an der Nutunterseite eine hohe und an der Nutkante an der Oberfläche eine sehr geringe Stromdichte vorliegt.

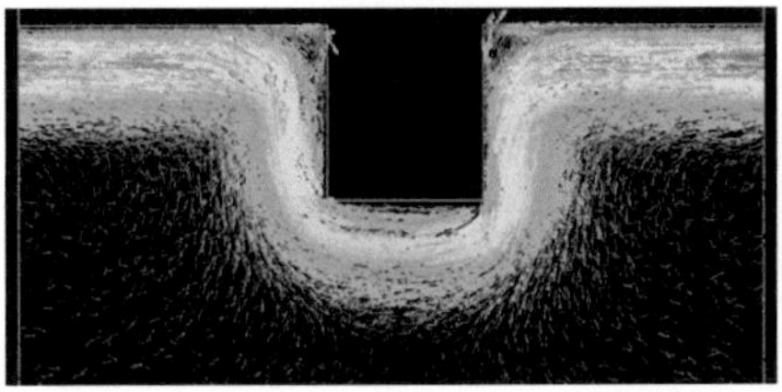

Abb. 6.6: Simulierter Verlauf der Wirbelströme an einer Nut

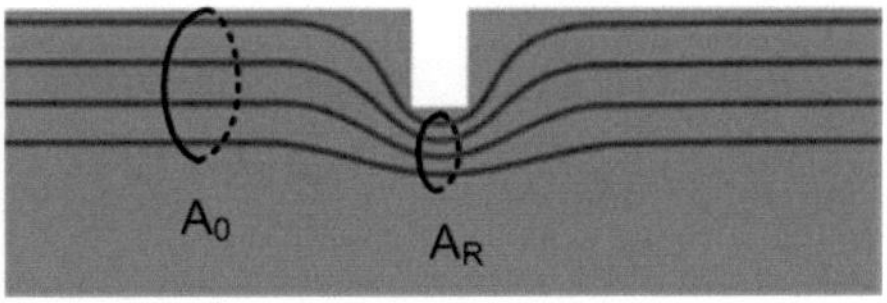

Abb. 6.7: Schematischer Verlauf der Wirbelströme an einer Nut

Die eingezeichneten Flächen A_0 und A_R zeigen die unterschiedlichen Querschnittsflächen an der Oberfläche und unter der Nut. Hierbei gilt, dass $A_0 > A_R$ ist. Betrachtet man diesen Zusammenhang nun mit

$$J = \frac{I}{A} \tag{6.1}$$

kann sehr gut nachvollzogen werden, dass die Stromdichte unter der Nut höher ist. Hier ist J die Stromdichte, I der Strom und A die jeweils betrachtete Fläche. Wenn nun für die Fläche die größere Fläche A_0 eingesetzt wird, ergibt sich eine geringere Stromdichte J als bei A_R. Durch diese Stromdichte resultiert die stärkere Erwärmung im Vergleich zu der umgebenden Oberfläche.

Abb. 6.8 zeigt die aus dem ermittelten Wirbelstromverlauf simulierte Verteilung der Temperaturen an der Prüfteiloberfläche. In Abb. 6.6, Abb. 6.7 und Abb. 6.8 ist ebenfalls an den Nutkanten ein Bereich zu erkennen, der nur geringfügig thermisch angeregt wird.

In dieser Arbeit wird gezeigt, dass der Zusammenhang zwischen der Breite des thermischen Verlaufs in der Umgebung der Nut und ihrer Tiefe eindeutig ist. Somit kann dieser Zusammenhang zur Bestimmung der Nuttiefe genutzt werden.

Für die folgenden Auswertungen werden die Temperaturen entlang eines Pfades aufgetragen. Der Verlauf des Pfades ist in Abb. 5.1 aufgezeichnet.

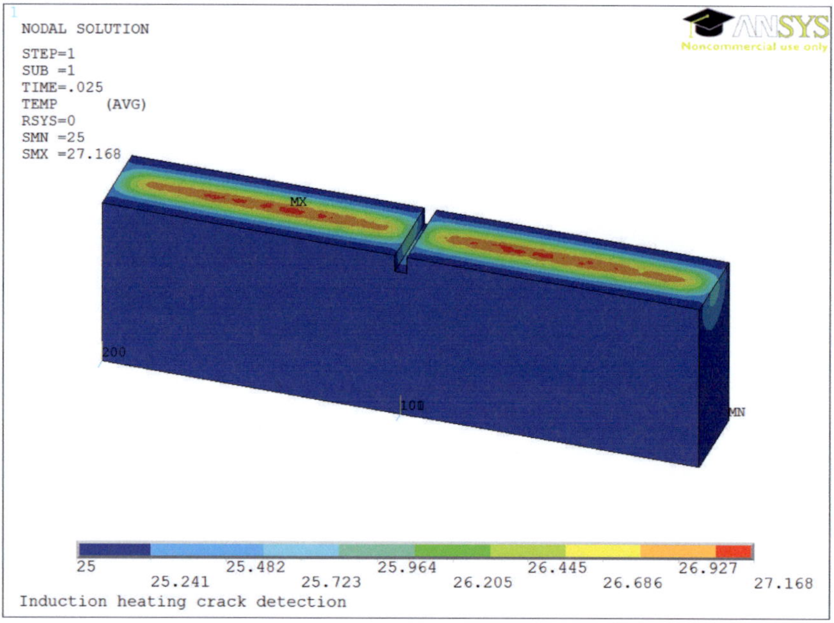

Abb. 6.8: Simulierter Temperaturverlauf (in °C) an der Oberfläche des Testobjekts

6.4 Simulationsergebnisse modellierter Nuten

Im Folgenden werden die Ergebnisse verschiedener Simulationen vorgestellt. Das primäre Ziel der Simulationen ist das Auffinden und Verifizieren eines grundlegenden Mechanismus zur Bestimmung der Tiefe einer Nut. Bei konstanter Frequenz werden verschiedene Testobjekte mit unterschiedlich breiten und tiefen Nuten untersucht und verglichen.

6.4.1 Abhängigkeit der Temperaturverteilung von der Anregungszeit

Abb. 6.9 zeigt die simulierten Temperaturverteilungen einer defektfreien Oberfläche bei unterschiedlichen Anregungszeitpunkten. Zum Vergleich ist in Abb. 6.10 der simulierte Temperaturverlauf an der Testobjektoberfläche mit einer 0,6 mm hohen und 0,2 mm breiten Nut bei gleichen Zeitschritten dargestellt.

Der Vergleich des Temperaturverlaufs am fehlerfreien und fehlerhaften Objekt zeigt eindeutige Unterschiede. Die Temperatur in der unmittelbaren Umgebung der Nut ist im Vergleich zum fehlerfreien Fall näherungsweise gleich. In der direkten Umgebung der Nut ist der Temperaturabfall sehr stark.

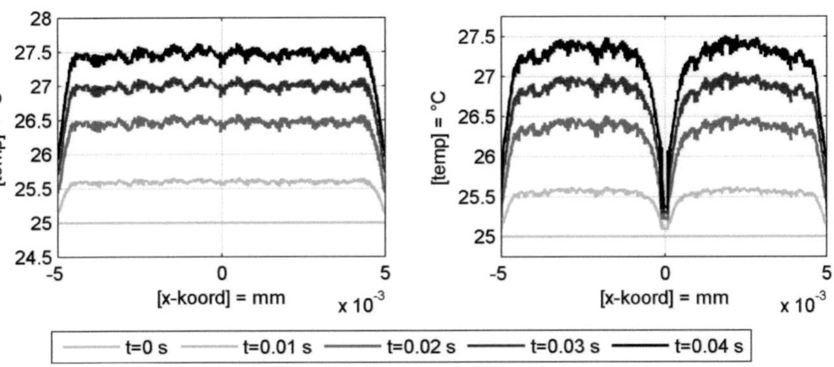

Abb. 6.9: Temperaturverteilung an der Bauteiloberfläche ohne Nut bei verschiedenen Anregungszeitpunkten *t*

Abb. 6.10: Temperaturverteilung an der Bauteiloberfläche mit einer Nut (0,6 mm Höhe und 0,2 mm Breite) bei verschiedenen Anregungszeitpunkten *t*

Weiterhin kann festgestellt werden, dass die Nutbreite, die im Diagramm zu erkennen ist, bei allen Anregungszeitpunkten nahezu gleich ist. Mit zunehmender Anregungszeit t erhöht sich die Differenz zwischen den Temperaturen in der Nut und der Oberfläche.

Es kann mit diesen Untersuchungen gezeigt werden, dass eine Nut in der Oberfläche eines metallischen Körpers die Temperaturverteilung an der Oberfläche beeinflusst. Weiterhin kann festgehalten werden, dass dieser Zusammenhang von der Anregungsdauer und von der Messdauer abhängt. Aus Abb. 6.10 ist ersichtlich, dass die Temperaturdifferenz zwischen der defektfreien Oberfläche und der Unterkante der Nut mit zunehmender Zeit größer wird.

6.4.2 Abhängigkeit der Temperaturverteilung von der Breite einer Nut

In den folgenden Experimenten werden Einflüsse verschiedenen Geometrien der Nut untersucht. Zuerst soll die Beeinflussung von unterschiedlich breiten Nuten betrachtet werden. Dabei ist die Tiefe der Nut (y-Richtung) konstant und die Breite (x-Richtung) wurde im Bereich von 0,01 mm bis 1 mm variiert. In Abb. 6.11 ist anhand von drei ausgewählten Nuten die Abhängigkeit dargestellt.

In dieser Darstellung sind die Temperaturverläufe zu einem Zeitpunkt und ohne Mittelung dargestellt.

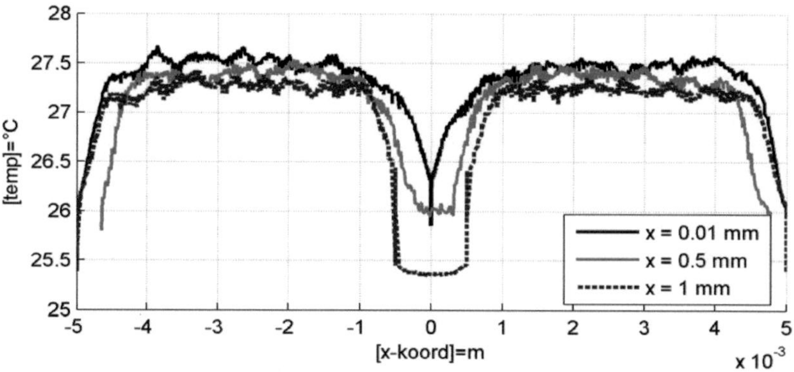

Abb. 6.11: Temperaturverteilung an der Bauteiloberfläche mit unterschiedlich breiten Nuten bei konstanter Tiefe

Um die Aussagekraft und Eindeutigkeit der Analyse zu erhöhen sind in Abb. 6.12 die gleichen Temperaturverläufe über einen Zeitbereich gemittelt dargestellt [90].

Aus dieser Abbildung ist ersichtlich, dass der Verlauf der Oberflächentemperatur auch von der Breite der Nut abhängig ist.

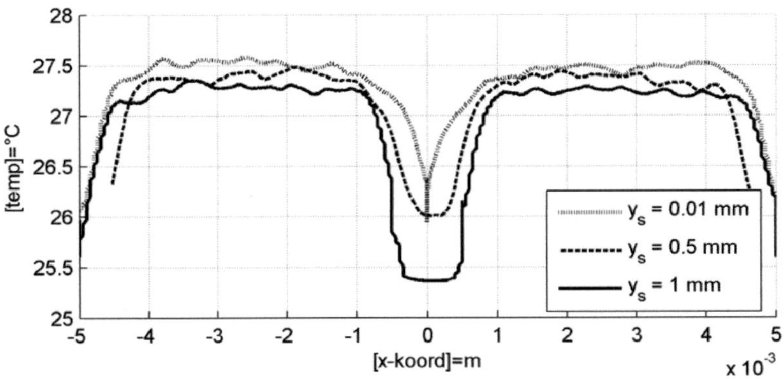

Abb. 6.12: Gemittelte Temperaturverteilung an der Bauteiloberfläche mit unterschiedlich breiten Nuten bei konstanter Tiefe

Es ist erkennbar, dass sich die Temperaturverläufe an den Kanten nicht nennenswert ändern. Nur an der Unterkante der Nut im Thermogramm wird die Kurve mit zunehmender Breite flacher. Anhand dieser Simulationsergebnisse kann festgestellt werden, dass mit zunehmender Breite der Nut der Temperaturabfall in der Nut größer wird.

Schlussfolgernd kann aus diesen Simulationen festgehalten werden, dass die Breite der Nut eindeutig aus der thermischen Abbildung bestimmt werden kann. Hierzu ist lediglich die Bestimmung des Abbildungsfaktors des Kamerasystems notwendig. Bei Thermografieaufnahmen kann ein Zusammenhang zwischen einem Pixel des aufgenommen thermischen Bildes und einer bestimmten Länge auf der Objektoberfläche angegeben werden. Hierzu sei auf Kapitel 8 verwiesen. Die Messunsicherheit ist somit direkt vom gewählten Abbildungsmaßstab abhängig. Dieser kann verbessert werden, wenn eine größere Detektorauflösung gewählt wird. Da der Fokus dieser Arbeit auf der Bestimmung der Tiefe eines Risses oder einer Nut liegt, soll hierzu keine weitere Betrachtung folgen.

6.4.3 Abhängigkeit der Temperaturverteilung von der Tiefe einer Nut

Die Untersuchungen der Abhängigkeit der Temperaturverteilung von der Tiefe einer Nut sind in Abb. 6.13 aufgezeigt.

Das modellierte Testobjekt weist eine 0,2 mm breite (x-Richtung) Nut auf. Die Tiefe der Nut wurde in y-Richtung im Bereich von 0,1 mm bis 1 mm in Schritten von 0,1 mm analysiert.

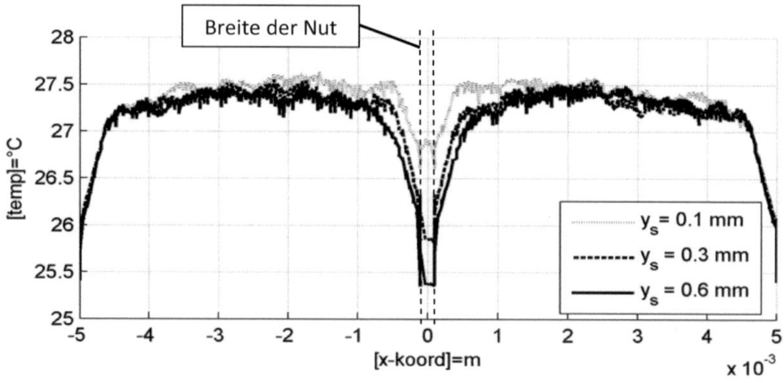

Abb. 6.13: Temperaturverteilung an der Bauteiloberfläche mit unterschiedlich tiefen Nuten bei konstanter Breite von 0.2 mm. Die eingezeichneten senkrechten Linien stellen die Begrenzung der Nut in der Breite dar.

Die Betrachtung der Abhängigkeit des Temperaturverlaufs von der Tiefe der Nut sei hier unabhängig vom jeweiligen Algorithmus zur Auswertung vorgenommen. In Abb. 6.13 sind hierzu drei Ergebnisse zur Beschreibung dargestellt. Im Vergleich zu den im vorherigen Kapitel 6.4.2 vorgestellten Untersuchungen kann festgestellt werden, dass sich die Breite der Nuten nicht in Abhängigkeit der Tiefe ändert.

Die Verläufe der Oberflächentemperaturen unterscheiden sich dennoch an den Kanten der Nut. Mit zunehmender Tiefe verläuft die Temperatur mit einem geringeren Gradienten. Besonders gut ist dies in Abb. 6.14 erkennbar.

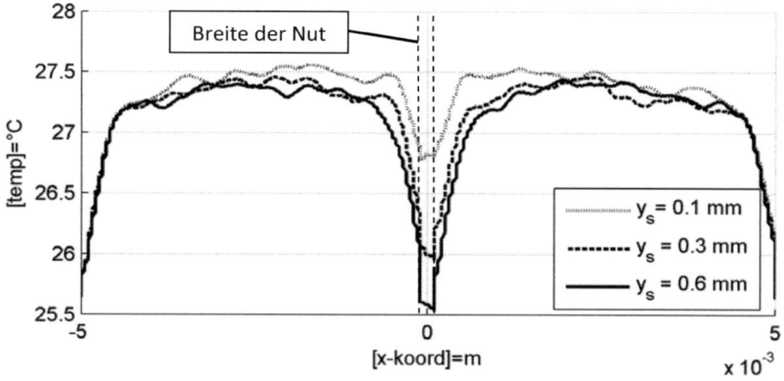

Abb. 6.14: Gemittelte Temperaturverteilung an der Bauteiloberfläche mit unterschiedlich hohen Nuten bei konstanter Breite von 0.2 mm. Die eingezeichneten senkrechten Linien stellen die Begrenzung der Nut dar.

Zusätzlich ist erkennbar, dass die Temperaturdifferenz zwischen dem Plateau der Nut und der Bauteiloberfläche bei größeren Tiefen steigt. Die Temperaturdifferenzen von den simulierten Prüfkörpern sind in Abb. 6.15 dargestellt.

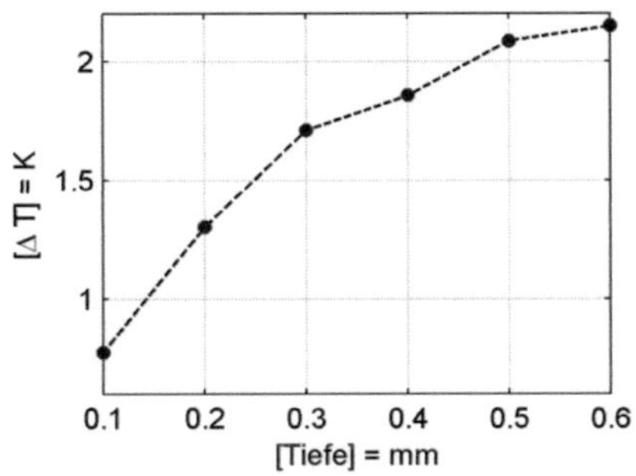

Abb. 6.15: Maximale Temperaturdifferenz zwischen Nut und Oberfläche bei verschiedenen Tiefen einer Nut

Die Darstellung der Simulationsergebnisse in Abb. 6.8 sowie die Diagramme in Abb. 6.9 bis Abb. 6.14 zeigen ein eindeutiges Verhalten der Temperaturverteilung an den Bauteilkanten. Es kann somit die Vermutung aufgestellt werden, dass es einen eindeutigen Zusammenhang zwischen der Tiefe einer Nut und der Temperaturverteilung an der Oberfläche des Prüfobjekts gibt. Zum Nachweis wurden in Kapitel 5 Messungen an Testkörpern vorgenommen, sowie Algorithmen zur Auswertung eingeführt.

Diese Simulationsergebnisse zeigen, dass es mit geeigneter Bildgebungstechnik und Auswertesoftware möglich ist, die Tiefe von Nuten zu bestimmen. Einzige Voraussetzung für die Prüfung ist, dass das zu prüfende Material elektrisch leitfähig ist. Möglich sind somit alle Metalle, aber auch neue Werkstoffe, wie CFK oder vergleichbare Materialien.

6.4.4 Abhängigkeit der Temperaturverteilung von der Anregungsfrequenz

Die durchgeführten Untersuchungen und Simulationen haben gezeigt, dass die Bestimmung der Tiefe sehr stark von der Anregungsfrequenz abhängt. Diese Abhängigkeit lässt sich anhand des Skineffekts mit Gleichung (3.45) beschreiben. Hierzu sei auf Tabelle 3.7 verwiesen. Bei kleineren Frequenzen der Wechselfelder ist die Eindringtiefe groß, sodass sehr gut tiefe Nuten bzw. Risse und bei hohen Anregungsfrequenzen bevorzugt kleine Nut-

bzw. Risstiefen vermessen werden können. Dieser Zusammenhang ist in folgender Abbildung (Abb. 6.16) schematisch dargestellt.

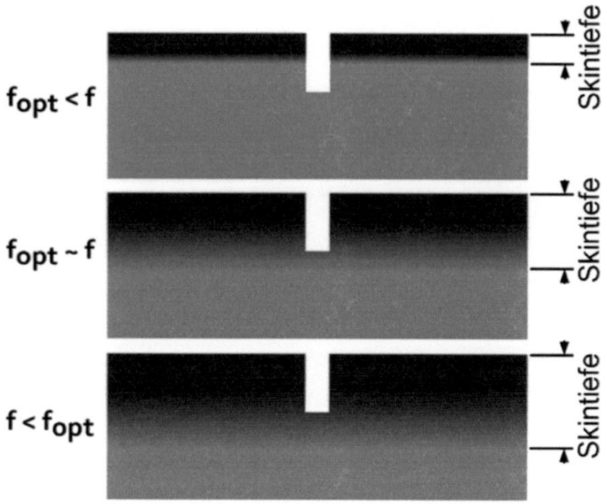

Abb. 6.16: Schematischer Verlauf der Wirbelströme bei unterschiedlich tiefen Nuten

Es gibt somit für jede Tiefe eine optimale Anregungsfrequenz f_{opt} bei der sich die Temperaturverteilung an der Oberfläche bestmöglich ausbildet. Für den Fall, dass ein großer Messbereich abgedeckt werden soll, empfiehlt sich somit eine tiefe Anregungsfrequenz. Eine Faustformel zur Vermessung von Rissen oder Nuten ist, dass die Tiefe im Bereich der Skintiefe liegen muss (Ungleichung (6.2)).

$$y_{Riss/Nut} < \delta \tag{6.2}$$

In dieser Ungleichung beschreibt $y_{\mathrm{Riss/Nut}}$ die Tiefe der Nut oder des Risses und δ die Skintiefe, die mit Gleichung (3.45) berechnet werden kann.

Bei der späteren Messung von Risstiefen muss genau dieselbe Frequenz wie bei der Ermittlung der Referenzwerte genutzt werden, um fehlerhafte Messungen und Einschätzungen der Tiefe zu vermeiden.

In Messungen und Simulationen, bei denen die Messfrequenz nicht mit der Frequenz der Ermittlung der Referenzwerte übereinstimmt, wird die Tiefe zu groß bzw. zu klein bestimmt.

Wenn die Berechnung der Tiefe auf der Breite des Risses bzw. der Nut im aufgenommenen Thermogramm beruht und die Messfrequenz höher als bei der vorherigen Ermittlung der Referenzwerte ist, werden die Nuten in y-Richtung kleiner gemessen. Im gegenteiligen Fall, bei dem die Messfrequenz kleiner ist als die Anregungsfrequenz bei der Referenzwertermittlung, erscheint der Riss oder die Nut in y-Richtung größer.

Für eine weitere Betrachtung der Abhängigkeit der Anregungsfrequenz auf die Oberflächentemperaturverteilung sei auf Kapitel 8.3.1 verwiesen. Dort werden konkrete simulierte Temperaturverläufe mit Messungen verglichen.

6.5 Simulationsergebnisse modellierter Risse

In diesem Kapitel sollen die Simulationsergebnisse verschiedener Risse vorgestellt werden. Hierfür wurden unterschiedliche Rissgeometrien modelliert und die resultierenden Temperaturverteilungen analysiert.

6.5.1 Simulation einer vereinfachten Rissform

Für die Simulation einer vereinfachten Rissform wurde die Querschnittsfläche des Risses als Dreieck modelliert. Der Riss befindet sich, wie aus Abb. 6.17 ersichtlich, in der Mitte des Testobjekts. Die Breite der Öffnung an der Oberfläche des Bauteils beträgt 0,1 mm, bei einer Tiefe von 1 mm. Die Geometrie des Risses ist zusätzlich in Abb. 6.18 dargestellt.

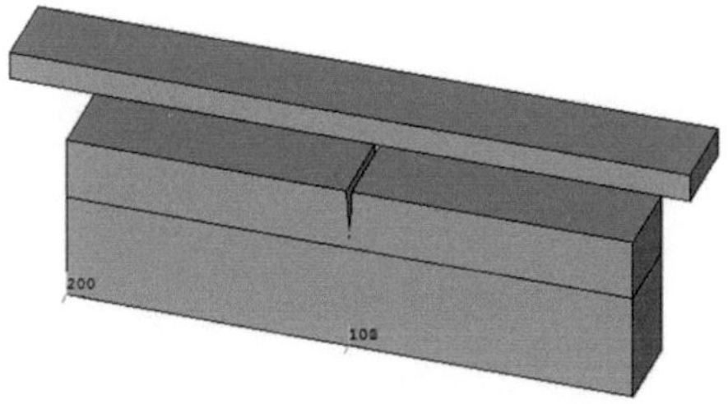

Abb. 6.17: Modelliertes Testobjekt mit einem vereinfacht nachempfundenen Riss und dem Induktor

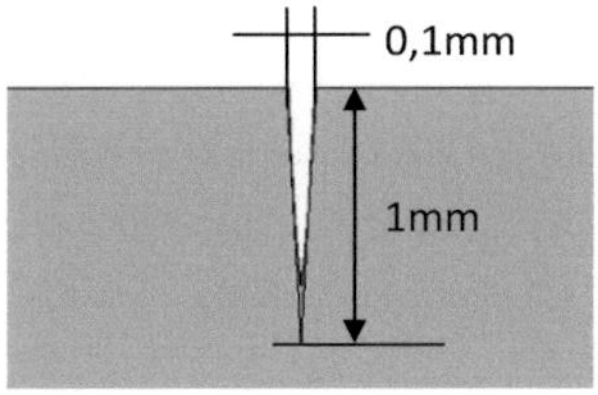

Abb. 6.18: Geometrie des vereinfachten modellierten Risses

Wie bei den vorherigen Simulationen wurde die Anregungsfrequenz konstant auf 10 kHz gehalten. Diese Frequenz wurde auch nachfolgend für die durchgeführten Messungen verwendet um einen Vergleich durchführen zu können. In Abb. 6.19 ist das mit der Simulation ermittelte Ergebnis dargestellt. Die Oberflächentemperaturen in °C sind hier durch die farbliche Darstellung gekennzeichnet.

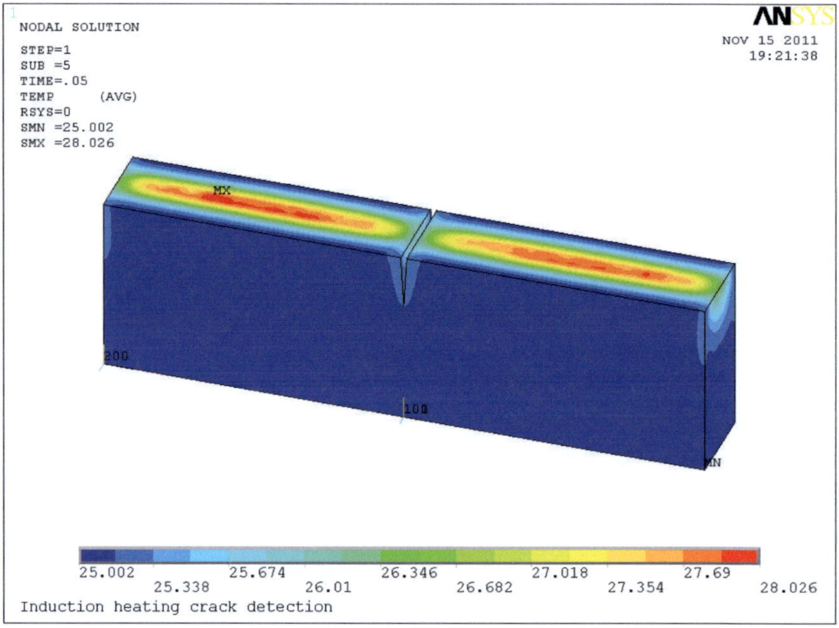

Abb. 6.19: Simulierter Temperaturverlauf in °C an der Bauteiloberfläche eines modellierten Risses mit dreieckiger Querschnittsfläche

Zur Auswertung des Verlaufs der Oberflächentemperaturen in x-Richtung sind die Temperaturen in Abb. 6.20 dargestellt.

Der Übersicht halber wurden die Oberflächentemperaturen im Inneren des Risses nicht berücksichtigt. Zusätzlich ist in Abb. 6.20 der Mittelwert der links angrenzenden Bauteiloberfläche durch die obere horizontale Linie und die Temperatur auf der Oberfläche an der Risskante durch die untere horizontale Linie eingezeichnet. Die dritte Linie stellt die in dem Bereich der abfallenden Temperaturen approximierte lineare Funktion dar. Die schwarzen Quadrate zeigen die Schnittpunkte der Linien, zwischen denen die Breite des Temperaturabfalls bestimmt wird. Die Auswertung ergibt eine Breite des Temperaturabfalls von 1,12 mm. Nach Umrechnung dieser Breite mit dem vorliegenden Abbildungsmaßstab von 25,5 Pixeln/mm erhält man 28,6 Pixel. Mithilfe der in Tabelle 5.1 angeführten simulierten Referenzwerte kann die Tiefe mit 1 mm angegeben werden.

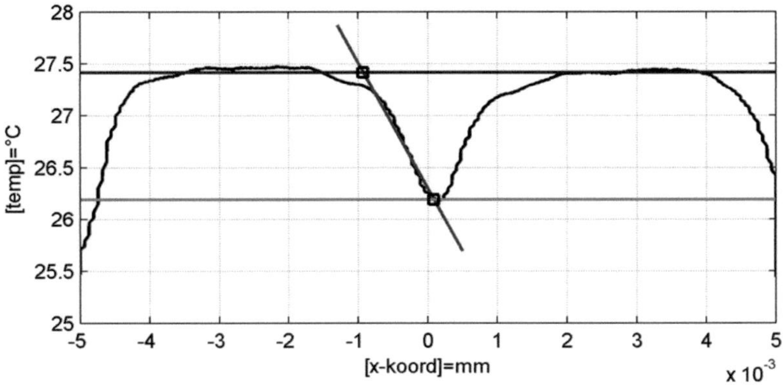

Abb. 6.20: Simulierter Temperaturverlauf an der Bauteiloberfläche eines vereinfachten Risses mit dreieckigem Querschnitt

Mit Hilfe dieser Simulation kann gezeigt werden, dass aufgrund der sehr geringen Differenz der Breite des Temperaturabfalls des hier modellierten Risses zu den Referenzwerten der Nut, die Bestimmung der Tiefe eines Risses mit dieser Methode zulässig ist.

6.5.2 Simulation einer Rissform

Der folgend vorgestellte Riss wird in Kapitel 7.1.2 und 7.1.3 näher betrachtet. In diesem Kapitel wird lediglich auf dessen Auswertung mithilfe der Simulation eingegangen. Die Rissgeometrie des Modells wurde auf der Grundlage des in Abb. 7.11 in Kapitel 7.1.3 dargestellten Risses erstellt. Das genutzte Modell für die Simulation ist in Abb. 6.21 abgebildet und in Abb. 6.22 wird der Riss im Detail dargestellt.

Der Riss ist 1 mm tief und an der Oberfläche 0,1 mm in x-Richtung geöffnet. Bei einer Tiefe von 0,7 mm weist der gezeigte Riss wie in der Vorlage einen Knick auf.

Der mit der Simulation bestimmte Temperaturverlauf an der Bauteiloberfläche nach der Anregung wird in Abb. 6.23 dargestellt. Durch die Auswertung der Temperaturen entlang eines Pfades auf der Oberfläche kann der Bereich der abfallenden Temperaturen genauer untersucht werden.

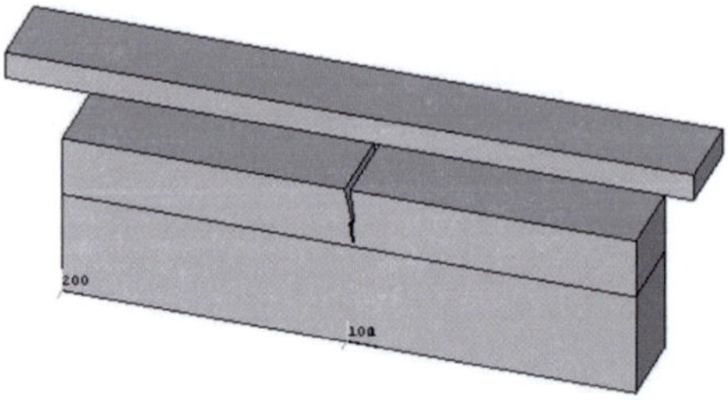

Abb. 6.21: Modelliertes Testobjekt mit einem nachempfundenen Riss und dem Induktor

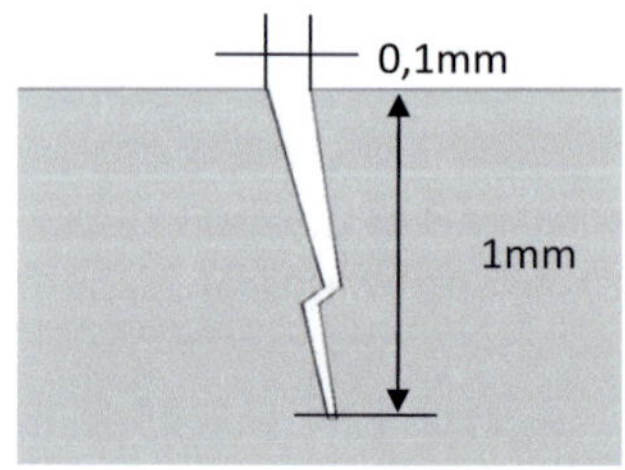

Abb. 6.22: Geometrie des modellierten Risses auf der Grundlage des in Abb. 7.10 und Abb. 7.11 dargestellten Risses

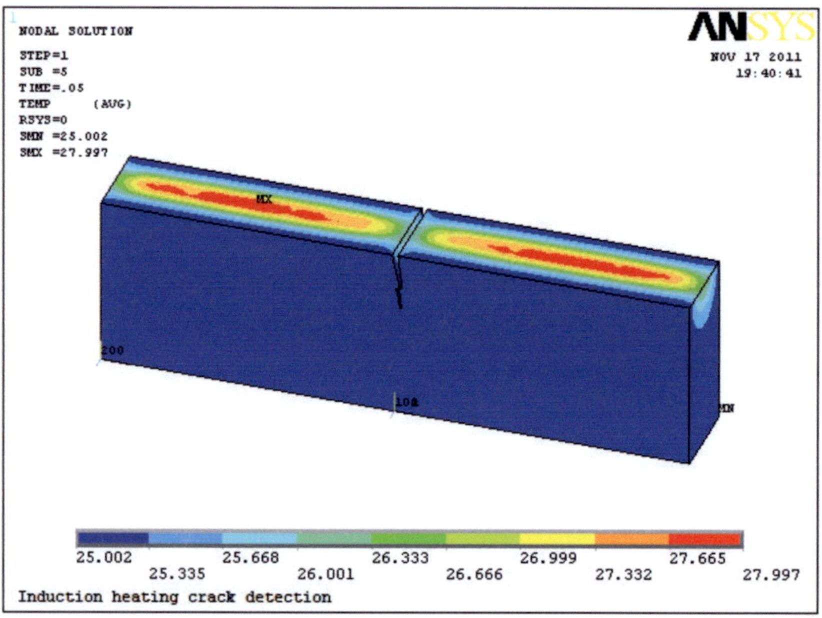

Abb. 6.23: Simulierter Temperaturverlauf in °C an der Bauteiloberfläche mit einem modellierten Riss auf der Grundlage des in Abb. 7.10 und Abb. 7.11 dargestellten Risses

Auch hier wird aus Gründen einer besseren Übersicht die Oberflächentemperatur im Inneren des Risses nicht berücksichtigt. Der ausgewertete Pfad endet somit an der linken Kante des Risses und beginnt wieder an der rechten. In folgender Abbildung Abb. 6.24 sind daher nur die Temperaturen auf der Oberfläche des Testobjekts dargestellt.

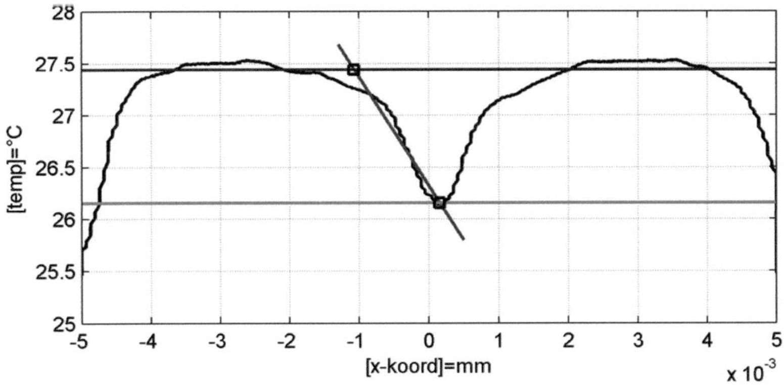

Abb. 6.24: Simulierter Temperaturverlauf an der Bauteiloberfläche mit einem Riss auf der Grundlage des in Abb. 7.10 und Abb. 7.11 dargestellten Risses

In der Abbildung sind die obere und untere Temperaturgrenze eingezeichnet. Durch die Schnittpunkte der approximierten linearen Funktion mit dem bestimmten Temperaturlevel kann die Breite mit 1,15 mm bestimmt werden. Durch Umrechnung mit dem Faktor 25,5 Pixel/mm ergibt sich eine Breite von 29,3 Pixeln. Mit den durch die Simulation gewonnenen Referenzwerten kann eine Tiefe von 1 mm bestimmt werden.

6.5.3 Simulation einer speziellen Rissform

Zuletzt soll ein spezieller Riss mit der Simulation untersucht werden, wie er jedoch nur sehr selten vorkommt. Häufiger tritt dieser Fehler bei Faserverbundwerkstoffen wie CFK auf. Die Fehlergeometrie ist in Abb. 6.25 und Abb. 6.26 dargestellt.

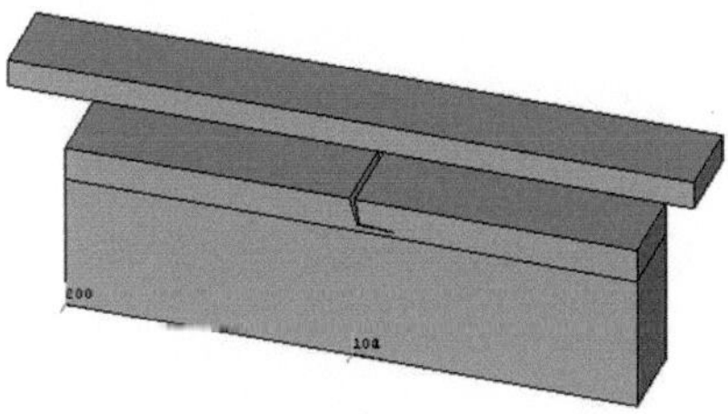

Abb. 6.25: Simulationsmodell des Testobjekts mit einem Riss und dem Induktor

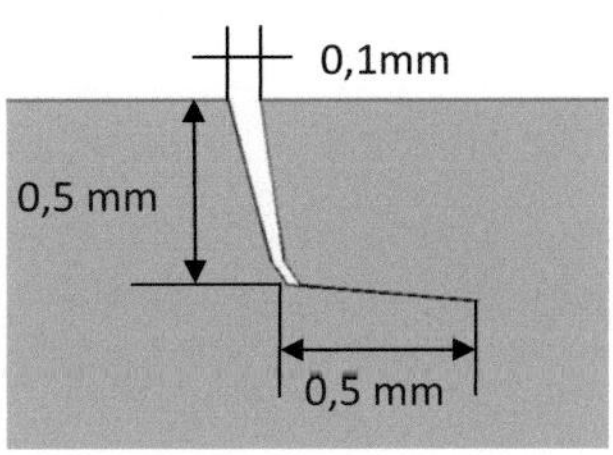

Abb. 6.26: Geometrie des modellierten Risses mit einer beginnenden Delamination

Die in Abb. 6.27 dargestellte Temperaturverteilung ist auf der linken Seite des Risses mit den vorherigen Untersuchungen vergleichbar. Hingegen ist auf der rechten Seite eine deutliche Veränderung zu erkennen. Diese ist in Abb. 6.28 dargestellt.

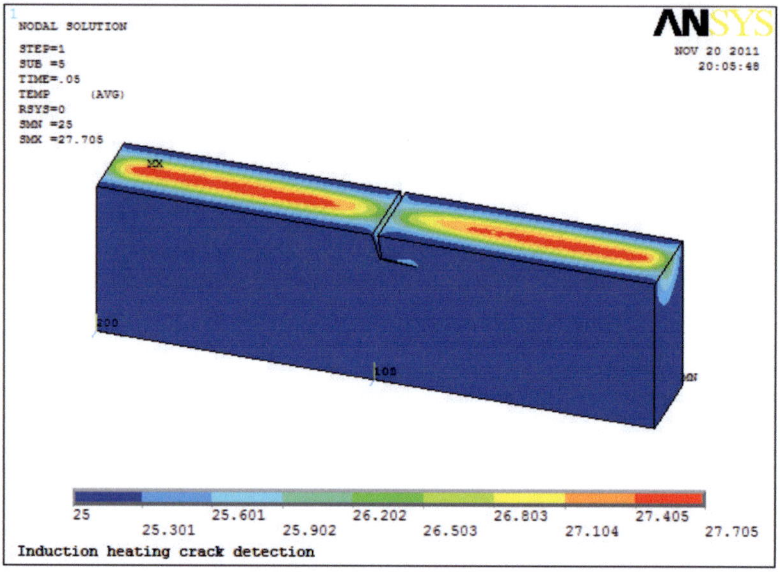

Abb. 6.27: Simulierter Temperaturverlauf in °C an der Bauteiloberfläche mit einem modellierten Riss und beginnender Delamination

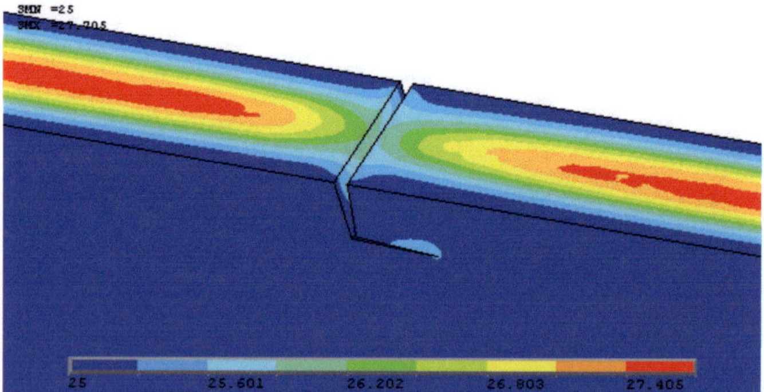

Abb. 6.28: Detaildarstellung des simulierten Temperaturverlaufs in °C an der Bauteiloberfläche an einem Riss mit beginnender Delamination

Für die Auswertung der rechten Seite können die vorliegenden Referenzwerte zum Bestimmen der Risstiefe genutzt werden. Die Breite des Temperaturabfalls beträgt 1,03 mm. Durch die Umrechnung ergeben sich 26,3 Pixel, wodurch die Risstiefe 0,5 mm beträgt.

Aufgrund der komplexen Rissform, die bei einer Tiefe von 0,5 mm einen Knick aufweist und dann 0,5 mm nahezu parallel zur Oberfläche verläuft, werden die Wirbelströme auf der rechten Seite des Risses deutlich beeinflusst. Es ist ersichtlich, dass die Temperaturen zum Riss hin bereits früher absinken als auf der Gegenseite. In Abb. 6.29 ist der Temperaturverlauf entlang des Pfades abgebildet.

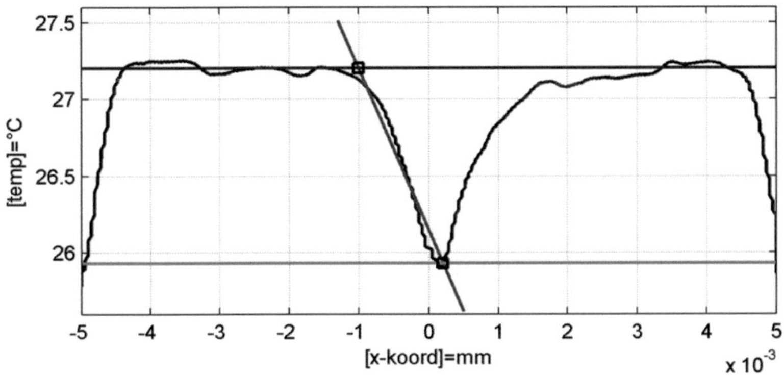

Abb. 6.29: Simulierter Temperaturverlauf an der Bauteiloberfläche mit einem speziellen Riss, der in einer parallel zur Oberfläche verlaufenden Delamination endet

Auf eine Auswertung der Breite des Temperaturabfalls auf der rechten Seite des Risses soll hier verzichtet werden. Es ist jedoch darauf hinzuweisen, dass die Oberflächentemperaturen maßgeblich durch die Materialzusammensetzung beeinflusst werden. Durch die Delamination ergibt sich hier ein erheblich flacherer Temperaturabfall.

Die letzten Simulationen haben gezeigt, dass mithilfe der Referenzwerte auf der Grundlage einer Nut gute Ergebnisse bei der Bestimmung der Tiefe eines Risses erreicht werden können.

6.6 Betrachtung der Oberflächenrauheit

In folgender Darstellung (Abb. 6.30) ist der Temperaturverlauf an der Oberfläche einer modellierten Nut mit $0{,}5\,mm$ Höhe und $0{,}2\,mm$ Breite bei einer mittleren Rauheit von $R_a = 2\,\mu m$ und $R_z = 4\,\mu m$ abgebildet, was auch in der Realität einem typischen Wert entspricht (vgl. Kapitel 4.3). Es ist deutlich erkennbar, dass die Verteilung wesentlich inhomogener als bei den zuvor präsentierten Simulationsergebnissen ist. Die betrachtete Verteilung weist vereinzelte Temperaturspitzen auf, die deutlich über den umgebenden Temperaturwerten liegen.

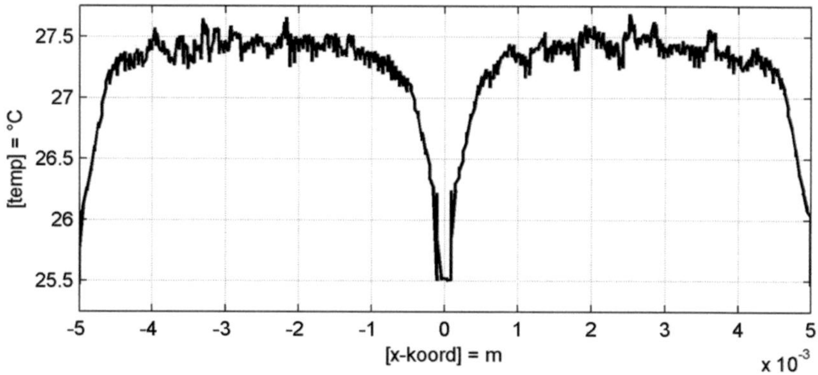

Abb. 6.30: Abbildung des Temperaturverlaufs an der Oberfläche bei einer Rauheit von $R_a = 2\,\mu m$ und $R_z = 4\,\mu m$ (Simulation)

Der direkte Vergleich der Simulationsergebnisse in Abb. 6.31, mit und ohne Betrachtung der Rauheit der Oberfläche, lässt zusätzlich vermuten, dass die Oberflächentemperatur auf der rauen Objektseite geringfügig höher ist. Eine genaue Berechnung der mittleren Temperaturdifferenz ergibt $\Delta T = 0{,}19\ K$ zwischen den betrachteten Verteilungen.

Festzustellen ist auch, dass die Temperatur in den vereinzelten Spitzen der Oberfläche deutlich höher ist als die Temperatur der umgebenden Oberfläche. Dieser Effekt ist physikalisch durch die Ausbildung von Wirbelströmen in einem sehr begrenzten Raum zu erklären. Hinzu kommt, dass der Wärmeübergang durch freie Konvektion ein vergleichsweise langsamer Prozess ist und die Wärme nur durch Wärmeleitung in das Innere des Bauteils abgeleitet werden kann.

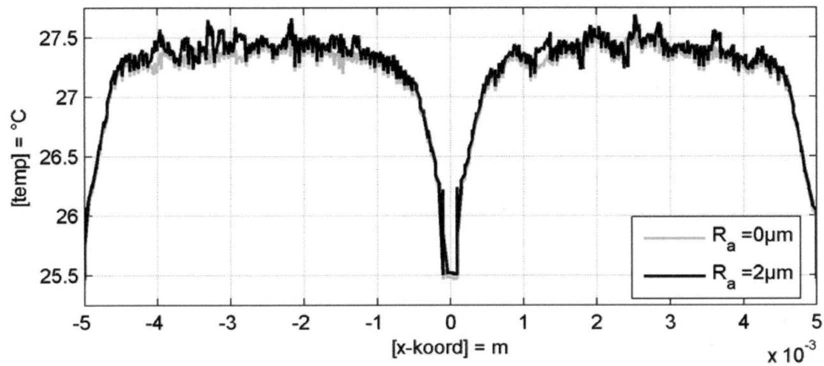

Abb. 6.31: Vergleich des Temperaturverlaufs an der Oberfläche mit und ohne Betrachtung der Rauheit (Simulation)

Zum weiteren Vergleich der Simulationsergebnisse sind im nachfolgenden Diagramm in Abb. 6.32 die gemittelten Messreihen aufgetragen. Die Mittelung wurde mit einem gleitenden Mittelwert über 10 Punkte vorgenommen. Hierdurch sind Unterschiede zwischen den Teilergebnissen zu erkennen.

Wie die dargestellten Ergebnisse im Vergleich zeigen, führt die Betrachtung einer nicht ideal glatten Oberfläche zu keiner groben Änderung der Ergebnisse. Daher wird bei weiteren Betrachtungen auf die zusätzliche Modellierung einer rauen Oberfläche verzichtet.

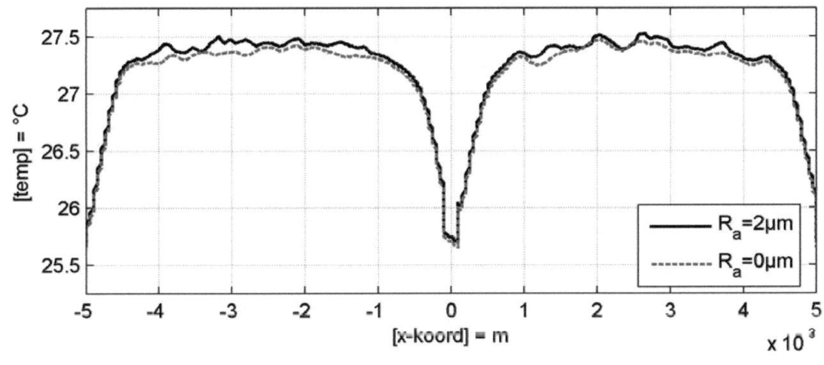

Abb. 6.32: Vergleich des mittleren Temperaturverlaufs an der Oberfläche mit und ohne Betrachtung der Rauheit

Zusätzlich kann dadurch die benötigte Zeit zur Erstellung des Modells und die Simulation drastisch reduziert werden. Außerdem entfällt eine aufwändige Parameterwahl zur Definition der Rauheit.

Da die modellierte Rauheit durch die Bildung eines gleitenden Mittelwerts nahezu eliminiert werden kann, wird von keiner groben Beeinflussung des Temperaturabfalls bei der Vermessung der Breite ausgegangen.

7 Vergleichsuntersuchungen durch Messungen

In dieser Arbeit werden Messungen an Nuten, die durch die einseitige Betrachtung bei der Auswertung näherungsweise als Riss gelten sollen, und künstlich hergestellten Rissen vorgestellt. Wenn man die Temperaturverteilung auf der defektfreien Bauteiloberfläche in der direkten Umgebung des Risses oder der Nut betrachtet, ähneln sich deren Temperaturverläufe. Künstliche Risse mit einem geringen Öffnungswinkel zur Oberfläche stellen sich näherungsweise wie die Kante einer Nut dar. Bei den folgend vorgestellten Messungen wird ein sehr kleiner Riss untersucht, der es erlaubt den Temperaturverlauf auf beiden Seiten des Risses abzubilden. Zur Auswertung wurde dennoch, wie in den Kapiteln zuvor, der einseitige Temperaturverlauf in der Umgebung des Risses genutzt und nicht eine vollständige Betrachtung des Risses mit einem Polynom 4-ten Grades, wie in Kapitel 5.4.4 beschrieben, durchgeführt.

Mit den durchgeführten Messungen soll der Nachweis der Eignung der induktiv angeregten Thermografie zur Risstiefenmessung angestellt werden. Es folgen dazu ausgewählte Experimente.

7.1.1 Messungen an hergestellten Testobjekten mit Nuten

Zur Überprüfung der Funktionsfähigkeit und der Handhabung des Messsystems werden zuerst Messungen an den speziell hergestellten Testobjekten mit Nuten durchgeführt. Diese Prüfkörper wurden auch zur Ermittlung der Referenzwerte herangezogen und stellen somit den idealen Fall zum Vermessen der Tiefe der Nut dar. Diese hergestellten Prüfkörper weisen keine Verunreinigung, wie beispielsweise Zunder, an der Oberfläche auf. Zusätzlich ist die Oberfläche staub- und fettfrei.

Die thermografischen Aufnahmen werden mit der bereits angesprochenen zusätzlichen Vergrößerungsoptik aufgenommen, die den Sichtbereich stark beschränkt (vgl. Abb. 7.1).

Die aufgenommenen Messwerte werden entlang eines Pfades (vgl. Abb. 5.2) ausgewertet. Da die verwendete Kamera herstellerseitig nicht kalibriert ist, kann für die aufgenommenen Messwerte keine Einheit angegeben werden. Die Angabe Intensity (DL) bezieht sich auf die vom Detektor gemessene Intensität nach der Digitalisierung. Hierbei steht DL für „digital level". Eine Umrechnung in eine andere Skala ist nur schwer möglich.

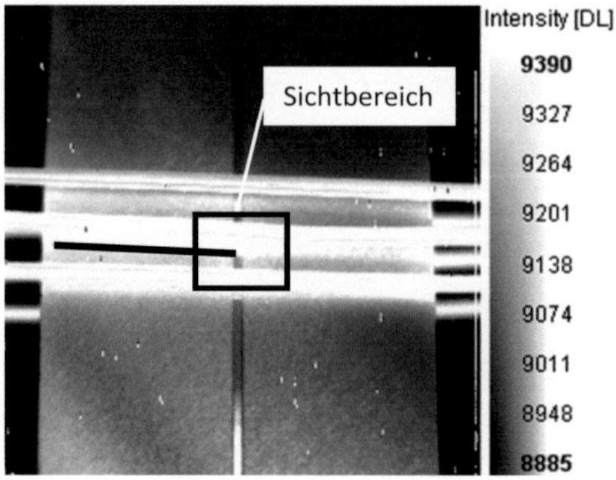

Abb. 7.1: Darstellung des Sichtbereichs auf einem Testobjekt mit einer 0,5 mm breiten und 0,3 mm tiefen Nut

Die aufgenommenen Messwerte sind in folgender Abbildung (Abb. 7.2) normiert auf $I_{mittel} = 9200\ DL$ dargestellt.

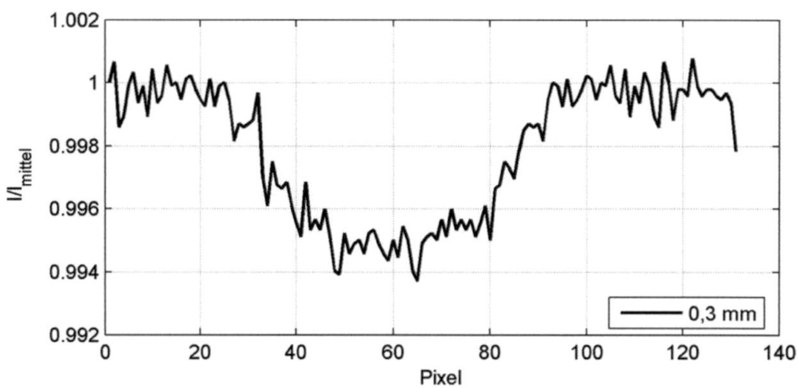

Abb. 7.2: Darstellung der aufgenommenen und auf $I_{mittel} = 9200\ DL$ normierten Messwerte zur Vermessung einer 0,5 mm breiten und 0,3 mm tiefen Nut

Der Verlauf kann, trotz fehlender Maßeinheit für die Intensity DL, quantitativ untersucht und für die Bestimmung der Nuttiefe genutzt werden. Durch eine Mittelung von mehreren Messreihen kann das Detektorrauschen etwas vermindert werden. Die gemittelten Messwerte sind in Abb. 7.3 normiert auf die mittlere Oberflächentemperatur dargestellt.

In Abb. 7.3 ist die zur Berechnung der Tiefe notwendige approximierte lineare Funktion für die linke Kante einer Nut eingezeichnet.

Aus Gründen der Übersicht wird auf die zweite lineare Funktion für den rechten Teil der Nut verzichtet. Wie jedoch auch schon in Kapitel 5.2.3 und 5.4 gezeigt, kann die Tiefe einer Nut und eines Risses auch durch das Vermessen des Temperaturverlaufs auf einer Seite der Nut bestimmt werden.

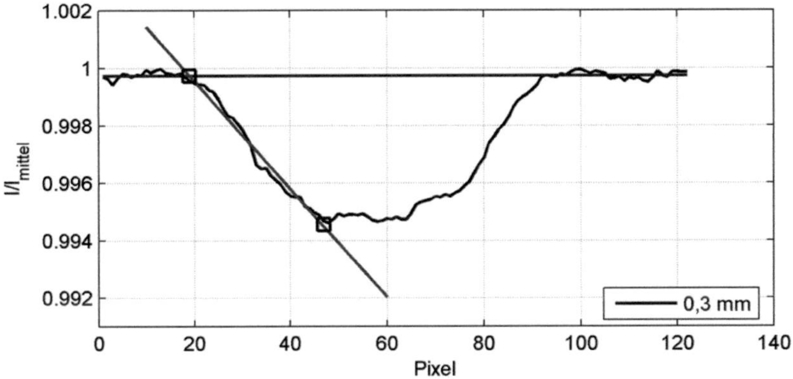

Abb. 7.3: Darstellung der gemittelten und auf $I_{mittel} = 9200\ DL$ normierten Messwerte entlang eines Pfades mit der Approximation einer linearen Funktion zur Ermittlung der Tiefe einer Nut (Tiefe = 0,3 mm)

Die Auswertung der Messung ergibt für die dargestellte Vermessung einer 0,5 mm breiten und 0,3 mm tiefen Nut eine gesamte Breite der Temperaturverteilung von 74 Pixeln für die komplette Nut. Bei der Betrachtung einer Flanke ergibt sich eine Breite des Verlaufs von 28 Pixeln bis zur Kante der Nut.

Die durch den Messalgorithmus berechneten Punkte zur Bestimmung der Breite des Temperaturabfalls sind in Abb. 7.3 durch schwarze Quadrate gekennzeichnet. Der Vergleich mit den in Tabelle 5.1 aufgelisteten, bei der Ermittlung der Referenzwerte aufgenommenen Breiten der Temperaturverläufe ergeben die Tiefe der Nut. Die gemessene Breite des Temperaturverlaufs von 28 Pixeln ergibt eine Tiefe von 0,4 mm. Unter Verwendung der aus der Simulation gewonnenen Referenzwerte ergibt sich eine Tiefe der Nut von 0,8 mm. Die Differenz zwischen den ermittelten Tiefen beträgt 0,4 mm. Es kann somit festgestellt werden, dass die mit der Simulation bestimmten Referenzwerte nicht für die exakte Bestimmung der Tiefe einer Nut herangezogen werden können. Vielmehr eignen sie sich zur groben Einschätzung der Messergebnisse.

Durch die, zur Verdeutlichung der Bestimmung der Tiefe, eingezeichneten Punkte wird zusätzlich ersichtlich, dass der genutzte Zusammenhang unabhängig von der Breite ist. Zur Bestimmung der Tiefe wird lediglich der Temperaturverlauf entlang des Pfades auf der Oberfläche, die an die Nut angrenzt, genutzt. Daher sind auch keine Einflüsse durch die Änderung des Emissionsgrades im Inneren der Nut oder des Risses zu berücksichtigen.

Die Breite der Nut kann somit über die Abbildung der Unterkante bzw. des Plateaus bei einer Nut (vgl. Abb. 7.9) bestimmt werden. Für eine automatisierte Bestimmung der Breite kann auch der bereits vorgestellte Algorithmus zur Beurteilung der Tiefe genutzt werden. Hierfür wird dieser auf beiden Seiten der Nut angewendet. Die Breite ergibt sich somit aus der Differenz der berechneten Punkte an den Kanten der Nut.

Mit 20 Einzelmessungen, die nacheinander durchgeführt werden, kann eine Abschätzung vorgenommen werden, wie sicher eine definierte Tiefe bestimmt werden kann. Diese Untersuchung soll für das Testobjekt aus Abb. 7.1 mit einer 0,3 mm tiefen Nut vorgestellt werden. Die berechneten Breiten der Temperaturverläufe zur Bestimmung der Tiefe der Nuten in den 20 Einzelmessungen sind in Abb. 7.4 dargestellt.

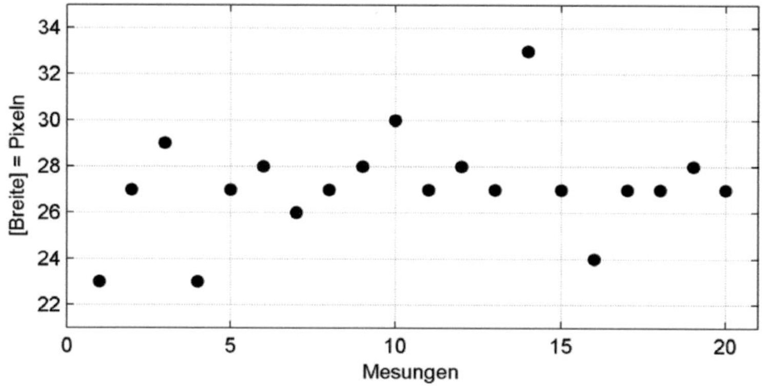

Abb. 7.4: Darstellung der berechneten Breiten der Temperaturverläufe zur Bestimmung der Tiefe der Nut

Der Mittelwert der einseitigen Vermessung des Temperaturverlaufs beträgt 27,15 Pixel mit einer Standardabweichung von 2,23 Pixeln. Hieraus kann man eine Abweichung von 8,21 % angeben. Der Mittelwert der ermittelten Nuttiefen auf der Grundlage der gemessenen Referenzwerte kann somit mit 0,3 mm angegeben werden. Mit den simulierten Daten ergibt sich eine Tiefe von 0,6 mm.

In Abb. 7.5 sind die bestimmten Tiefen der Nuten der in Abb. 7.4 dargestellten Breiten der Temperaturverläufe mit Hilfe der Referenzwerte aus Tabelle 5.1 dargestellt. Der Mittelwert dieser Messungen beträgt 0,36 mm mit einer Standardabweichung von 0,16 mm.

Die sehr starke Streuung der bestimmten Tiefen in Abb. 7.5 kann durch eine höhere Auflösung der Infrarotkamera verringert werden. Die Unterschiede zwischen zwei Referenzmessungen würde dann nicht mehr nur ein Pixel in der Breite des Temperaturverlaufs betragen. Besser ist ein Abstand zwischen zwei Referenzmessungen von 10 oder mehr Pixeln. Dadurch wäre eine genauere Trennung zwischen zwei unterschiedlichen Tiefen der Fehler möglich. Diese Betrachtung ist jedoch aufgrund der noch nicht verfügbaren Kameratechnik nicht durchführbar.

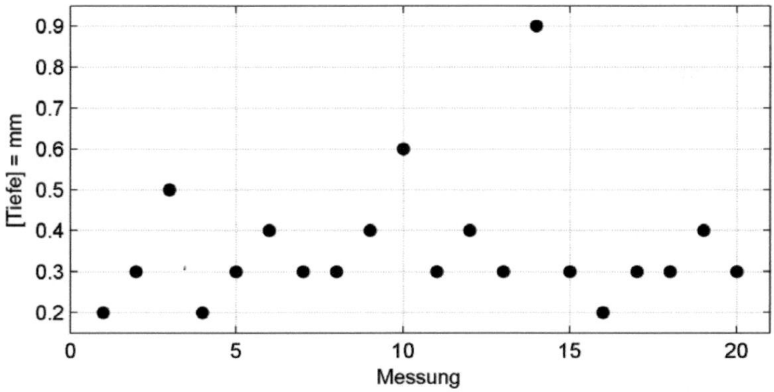

Abb. 7.5: Darstellung der ermittelten Tiefen der Nuten aus den berechneten Breiten der Temperaturverläufe

Die Unsicherheit bei der Bestimmung der Tiefe der Nut kann auch durch eine beidseitige Bestimmung der Breite der Nutflanken verringert werden.

Die vorgestellte Messung zeigt, dass das Messsystem die Tiefe einer Nut ermitteln kann. Da der Verlauf der Temperaturen nur außerhalb der Nut vermessen wird, ist es unter der Voraussetzung, dass zwischen den Flanken kein elektrischer Kontakt besteht, möglich, geöffnete und geschlossene Fehlstellen zu vermessen.

Durch eine höhere Detektorauflösung kann weiterhin die Abhängigkeit der einzelnen Messungen feiner aufgelöst und so eindeutiger werden. Auch durch eine höhere

Vergrößerung kann die Auflösung verbessert werden. Hierbei verringert sich jedoch der sichtbare Bereich auf der Oberfläche und die Handhabbarkeit verschlechtert sich.
Im Folgenden wird die Vermessung eines künstlich hergestellten Risses vorgestellt. Diese Messung soll den Nachweis der Funktionsfähigkeit des Messsystems vervollständigen.

7.1.2 Messungen an Testobjekten aus dem Stranggussverfahren

Die Messungen an den Testobjekten sind im Vergleich zu den bereits vorgestellten Untersuchungen, bei denen mit einer zusätzlichen Vergrößerungsoptik gearbeitet wurde und die Position des Risses bekannt war, schwieriger. Hier müssen aufgrund des kleinen Sichtbereichs mit der Vergrößerungsoptik thermografische Aufnahmen durchgeführt werden, um eine fehlerhafte Stelle auf dem Testobjekt zu finden. Anschließend kann der Defekt näher betrachtet und eine Risstiefenauswertung vorgenommen werden.
Zusätzlich kommen bei der Prüfung von diesen Testobjekten erschwerende Faktoren hinzu. Durch die große Oberflächenrauheit wird in den Messungen eine höhere Unsicherheit bei der Bestimmung der Risstiefe zu erwarten sein. Außerdem können in der Oberfläche durch verunreinigte Transportrollen Einprägungen oder aufgewalzte Verunreinigungen vorkommen. Zusätzlich stammen die Prüfobjekte aus einem sehr frühen Herstellungszeitpunkt, bei dem erst eine grobe Bearbeitung der Oberfläche erfolgte.
In folgender Abbildung (Abb. 7.6) ist die induktiv angeregte Oberfläche des beschriebenen Prüfkörpers dargestellt.

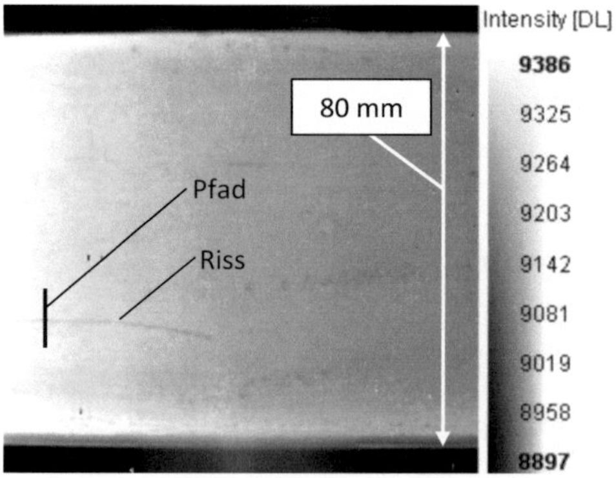

Abb. 7.6: Messungen zum Auffinden von Rissen am Testobjekt (Querschnitt 80 x 30 mm) an verschiedenen Stellen auf der Oberfläche

Bei dieser ersten groben Inspektion werden die zu vermessenden Risse auf der Oberfläche lokalisiert. Für die spätere Auswertung ist es besonders wichtig, dass die Risse oberflächennah und geöffnet sind. Verschlossene Risse haben unter Umständen durch den elektrischen und thermischen Kontakt der Rissflanken eine andere Wärmeausbreitung und würden zu einer fehlerhaften Bestimmung der Risstiefe führen. Außerdem muss der Bereich um den Riss frei von Zunder oder sonstigen Verunreinigungen sein, um Unterschiede im Emissionsgrad, der elektrischen und der thermischen Leitfähigkeit zu vermeiden. Zu einem späteren Herstellungszeitpunkt, an dem eine höhere Oberflächengüte sichergestellt werden kann, sollte jedoch die automatische Vermessung möglich sein.

Um die Messungen an den Testobjekten durchführen zu können, muss sichergestellt werden, dass die Referenzkörper aus dem gleichen Material bestehen und eine vergleichbare Oberflächengüte aufweisen.

Wie in Abb. 7.6 erkennbar ist, beeinflusst die Beschaffenheit der Oberfläche die thermografische Aufnahme erheblich. Dies äußert sich in der sehr starken Streuung der dargestellten Messwerte. Schon kleinste aufgewalzte Verunreinigungen ohne elektrischen Kontakt zum Prüfteil und sehr geringer elektrischer Leitfähigkeit können im Thermogramm durch eine geringere infrarote Strahlungsintensität erkannt werden. Im Gegenteil dazu können Verunreinigungen mit guter elektrischer Leitfähigkeit durch die induktive Anregung stärker erwärmt werden.

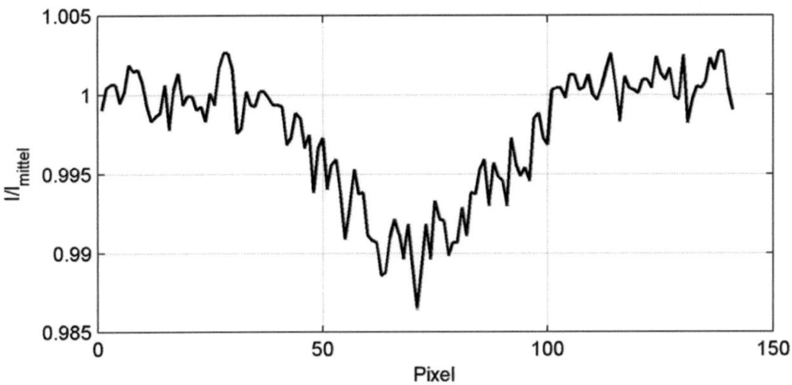

Abb. 7.7: Darstellung der aufgenommenen und auf $I_{mittel} = 9555\ DL$ normierten Messwerte bei der Vermessung eines Risses (normiert auf die mittlere Intensität der an den Riss angrenzenden Oberfläche)

In Abbildung Abb. 7.7 ist die auf $I_{mittel} = 9555\ DL$ normierte infrarote Strahlungsintensität entlang eines orthogonal zum Riss verlaufenden Pfades aufgetragen.

Im Vergleich zu den bisher gezeigten Verläufen ist ein deutlich inhomogenerer Riss zu erkennen. Durch die Mittelung der Messwerte mit einem gleitenden Mittelwert kann dann der Riss besser dargestellt werden. In Abb. 7.8 ist der Riss nun deutlich erkennbar.

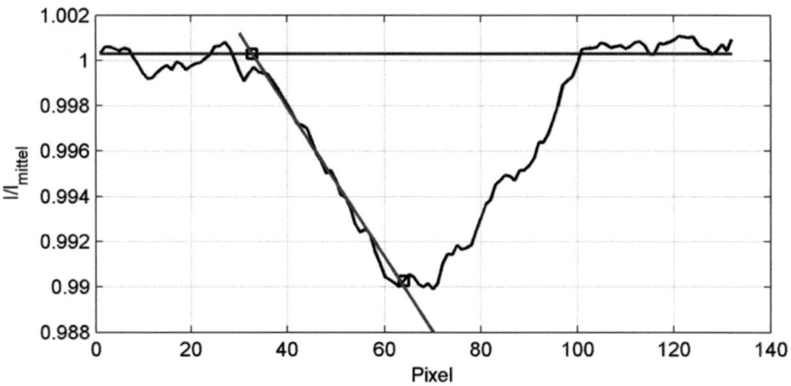

Abb. 7.8: Darstellung der gemittelten und auf $I_{mittel} = 9555\ DL$ normierten Messwerte bei der Vermessung eines Risses

Der Temperaturverlauf ähnelt sehr stark den durch die Simulation ermittelten Temperaturverläufen, die in Abb. 6.14 vorgestellt wurden. Daraus lässt sich schlussfolgern, dass der untersuchte Riss nur eine sehr kleine Öffnung zur Prüfteiloberfläche aufweist.

Zusätzlich zeigt der hier betrachtete künstliche Riss, der durch mechanische und thermische Beanspruchung entsteht, eine Rissspitze und nicht wie bei den speziell hergestellten Proben ein Plateau am unteren Ende der Nut. Dieser Fall ist in folgender Darstellung (Abb. 7.9) grafisch abgebildet.

Durch die unterschiedliche Rissgeometrie ist es sinnvoll, bei der Vermessung der betrachteten Fehler eine Auswertungsmethode zu wählen, bei der die Breite des Risses oder der Nut nicht berücksichtigt werden muss. Daher wird für die Auswertung der Tiefe die Auswertung der Oberflächentemperaturen der umgebenden Oberfläche bis zu einer Flanke der Nut bzw. des Risses vorgenommen.

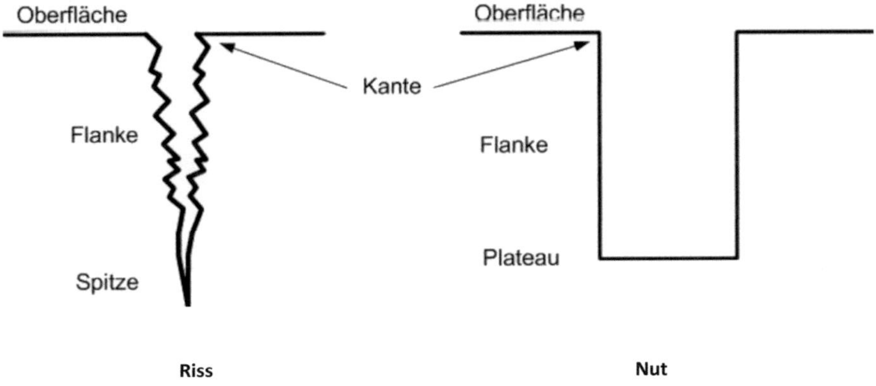

Abb. 7.9: Darstellung der unterschiedlichen Geometrie eines Risses und einer Nut

Bei der Vermessung des durch mechanische Belastung im Herstellungsprozess hervorgerufenen Risses, wie in Abb. 7.8 eingezeichnet, kann eine Breite des Temperaturverlaufs von 34 Pixeln festgestellt werden. Da der untersuchte Prüfkörper aus dem gleichen Material wie bei den zur Referenzwertbestimmung genutzten Messkörpern besteht, werden für die Bestimmung der Risstiefe die in Tabelle 5.1 aufgeführten simulierten und messtechnisch ermittelten Referenzwerte genutzt. Die Auswertung ergibt für den betrachteten Riss eine Tiefe von 1,0 mm. Unter Verwendung der mit der Simulation bestimmten Referenzwerte kann hier nur eine grobe Abschätzung von ca. 5 mm angegeben werden.

Zur Bestimmung der Tiefe bei Rissen stellt die Approximation einer linearen Funktion eine zuverlässigere und einfachere Methode dar. Die in Kapitel 5.4.4 vorgestellte Möglichkeit der Approximation eines Polynoms 4. Grades ist hier aufgrund des nun spitz zulaufenden Risses keine geeignete Methode zur Berechnung der Temperaturfeldbreite.

Zur Kontrolle des gewonnen Messergebnisses wird ein Schliffbild des betrachteten Risses angefertigt und die Tiefe bestimmt.

7.1.3 Metallografische Bestimmung der Risstiefe

Mithilfe eines Schliffbildes soll zum Vergleich die tatsächliche Risstiefe bestimmt werden. Hierzu wurde der untersuchte Riss aus dem geprüften Bauteil herausgetrennt und so geschliffen, dass die Risstiefe bestimmbar wurde.

Um die Geometrie des Risses qualitativ und quantitativ erfassen zu können, wird die Probe in einem Polymer eingebettet, anschließend geschliffen und auf hochglanz poliert. Die geschliffene und polierte Probe ist in Abb. 7.10 abgebildet. Die Schlifffläche wird anschließend mit einem Auflichtmikroskop betrachtet.

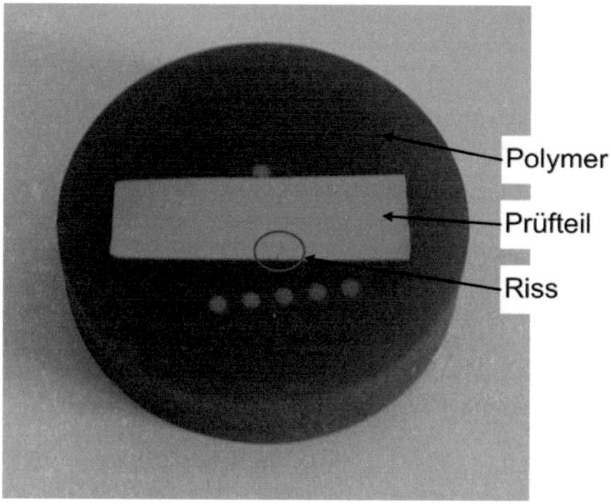

Abb. 7.10: Abbildung der geschliffenen und polierten Werkstückprobe mit dem zuvor zerstörungsfrei untersuchten Riss

Bei der Betrachtung der Schliffprobe mit einem Mikroskop konnte das in Abb. 7.11 dargestellte Bild aufgenommen werden. Hier ist der Riss ausgehend von der Bauteiloberfläche zu sehen. Die Risstiefe konnte auf 1,321 mm bestimmt werden.

Bei der Anfertigung des Schliffbildes konnte festgestellt werden, dass sich im Bereich der Oberfläche Ruß im Inneren des Risses befand.

Ursache für die mittels induktiv angeregter Thermografie geringfügig kleiner bestimmte Risstiefe kann durch einen geringen elektrischen Kontakt zwischen den gegenüberliegenden Rissflächen an der Stelle des Knickes (Abb. 7.11) begründet werden. Dadurch ändert sich der resultierende thermische Verlauf an der Oberfläche.

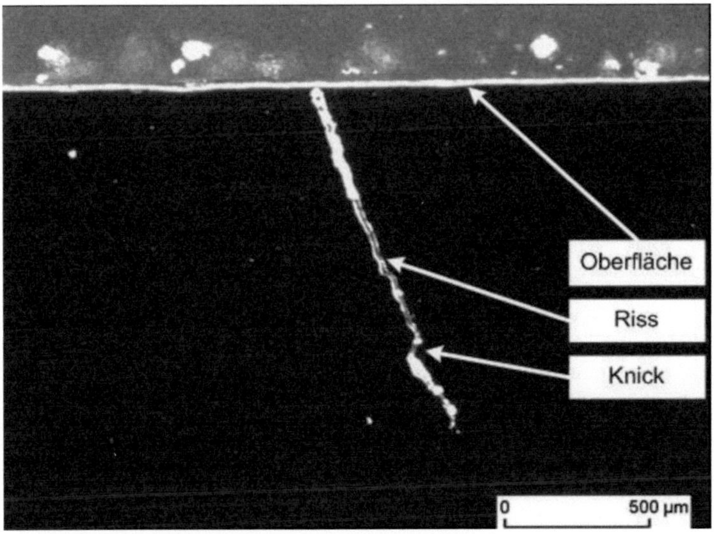

Abb. 7.11: Abbildung des angefertigten Schliffbildes des betrachteten Risses

7.1.4 Darstellung weiterer Fehlerarten

Wichtig für die automatische Risstiefenprüfung ist die eindeutige Identifikation eines Oberflächenrisses. Bei der groben und unter Umständen sogar scannenden Prüfung können Materialfehler als Risse erkannt werden, die jedoch keine Risse sind. Im Folgenden werden daher einige Fehler vorgestellt, die eine automatische Prüfung erschweren.

Für die weiteren Betrachtungen wurden die Prüfteile durch den Induktor hindurch bewegt und die Oberfläche mit der geeigneten Bildgebungseinrichtung inspiziert.

Zuerst soll anhand des in Abb. 4.10 rechts gezeigten Prüfobjekts, das sich durch eine verhältnismäßig glatte Oberfläche auszeichnet, eine durch die Transporteinrichtung hervorgerufene Einprägung in die Objektoberfläche betrachtet werden. Exemplarisch ist eine Einprägung in Abb. 7.12 dargestellt.

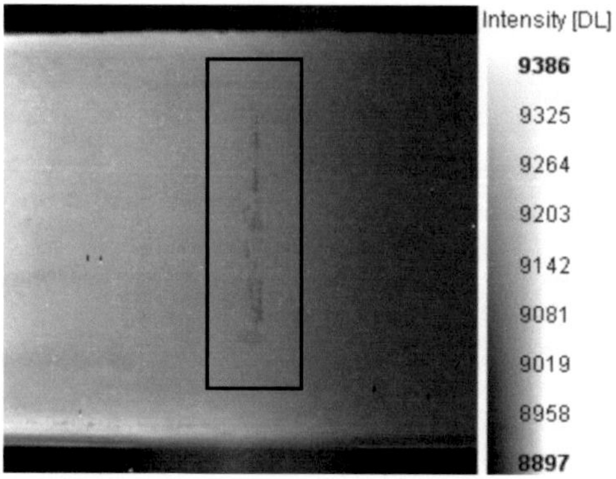

Abb. 7.12: Abbildung einer durch verunreinigte Transportrollen hervorgerufenen Einprägung

Kennzeichnend für diese Fehlerart sind die Orientierung der Fehler lateral zur Fortbewegungsrichtung bei Stab- bzw. Langprodukten und die oft feine Strukturierung der Fehler. Zusätzlich ist auch das periodische Auftreten dieses Fehlers auf der Bauteiloberfläche mit gleichem Abstand charakteristisch.

In den weiteren Fällen wird das in Abb. 4.10 links abgebildete Testobjekt betrachtet. Durch die sehr große Oberflächenrauheit können hier Verläufe und Strukturen von Fehlern auftreten, die eine Bestimmung der Risstiefe erschweren.

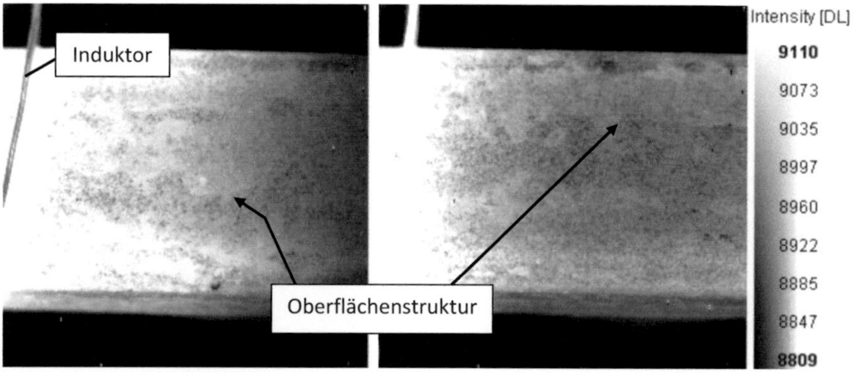

Abb. 7.13: Abbildung einer groben Oberflächenstruktur

In Abb. 7.13 ist eine thermografische Aufnahme der Oberfläche abgebildet, auf der große Unterschiede der Intensität sichtbar sind. Diese nicht kontinuierlichen Verläufe werden durch grobe Oberflächenunebenheiten hervorgerufen. Die Struktur der Oberfläche ist auch sehr gut in Abb. 4.10 und Abb. 4.11 zu erkennen.

Neben den Einprägungen stellen die in Abb. 7.14 abgebildeten eingewalzten Verunreinigungen für die Bestimmung der Risstiefe eine große Schwierigkeit dar. Die Verunreinigungen bestehen oft beispielsweise aus Ruß und sind nicht elektrisch und nur gering thermisch leitend. Der induzierte Wirbelstrom fließt somit um den Einschluss herum und verursacht ähnliche Fehlerbilder wie bei Rissen oder Nuten.

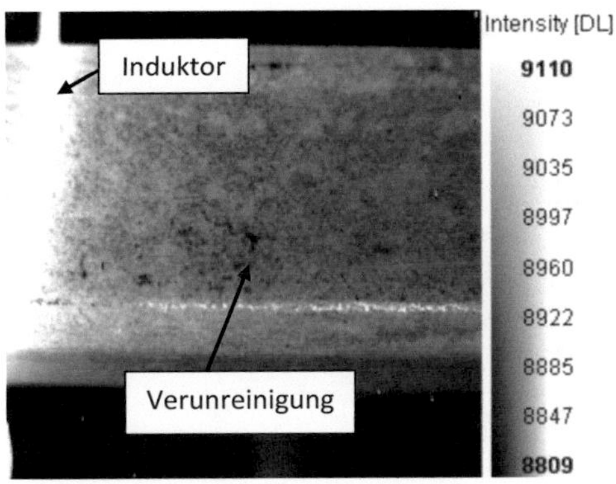

Abb. 7.14: Abbildung von eingewalzten nicht leitenden Verunreinigungen

Des Weiteren ist in Abb. 7.14 und zusätzlich in Abb. 7.15 eine Schleifspur zu erkennen, die sich deutlich von der Objektoberfläche im Thermogramm abgrenzt.

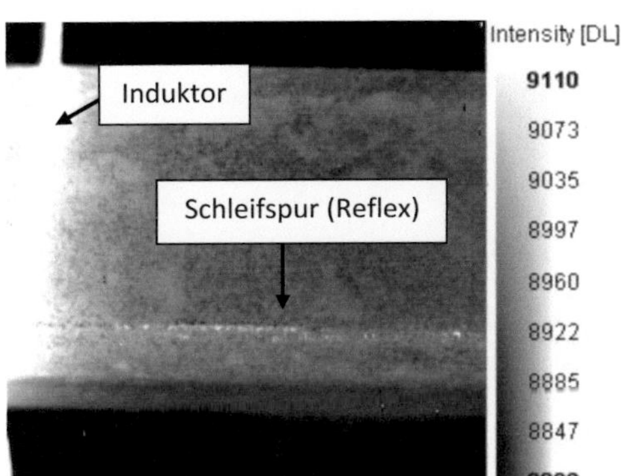

Abb. 7.15: Abbildung einer Schleifspur

Dieser Oberflächendefekt zeichnet sich in erster Linie durch einen unterschiedlichen Emissionsgrad aus. Aufgrund der glänzenden metallischen Oberfläche kommt es oft zu Fehlinterpretationen, da diese Fehler durch Reflexionen größer erscheinen können. Oftmals sind Schleifspuren nur sehr oberflächlich, sodass das Bauteil nicht nachbearbeitet werden muss.

Abb. 7.16 zeigt zum Vergleich zu den bisher gezeigten Defekten einen Oberflächenriss. Die Ausdehnung in y-Richtung des Risses ist jedoch aufgrund der großen Oberflächenrauheit nicht bestimmbar. Außerdem befindet sich der Riss sehr nah an der Bauteilkante, sodass davon ausgegangen werden muss, dass die Ausbreitung der Wirbelströme durch die Bauteilkante beeinflusst wird. Demzufolge kommt für eine Bestimmung der Risstiefe nur eine einseitige Auswertung des Temperaturverlaufs in Frage.

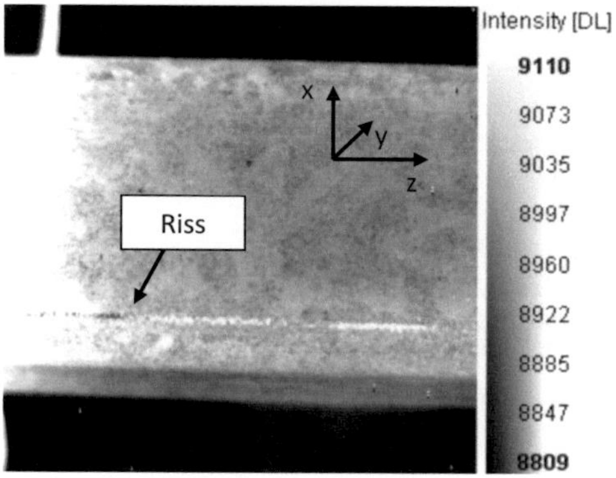

Abb. 7.16: Darstellung eines Risses in einem Gussteil

Tabellarisch soll nachfolgend die Häufigkeit der Fehler und ihre Auswirkungen auf die Messung angegeben werden.

Die Wichtung in Tabelle 7.1 soll hierbei prozentual angeben, wie kritisch dieser Fehler hinsichtlich einer irrtümlichen Betrachtung als Riss ist. Bezogen wird dieser Wert auf die maximale Anzahl des Fehlers auf der betrachteten Oberfläche. Das untersuchte Testobjekt ist 1,5 m lang und hat eine Querschnittsfläche von 80 mm x 30 mm und ist in Abb. 4.10 rechts vorgestellt worden.

Tabelle 7.1: Einteilung der vorgestellten Fehler hinsichtlich ihrer Häufigkeit und Auswirkungen mit einer Wichtung

Fehlerart	Auswirkungen	Häufigkeit	Wichtung
Schleifspuren	Schleifspuren sind sehr kritisch. Besonders lange Spuren beeinflussen die Messung.	3	100 %
Oberflächenstrukturen (Rauheit)	Bei kleinen Rauheiten stellt dies keine Beeinflussung dar. Jedoch bei groben und verzunderten Oberflächen kommt es sehr häufig zu fehlerhaften Messungen.	11	10 %
Verunreinigungen auf der Oberfläche	Größere Einschlüsse von Ruß auf der Oberfläche werden nicht als Riss erkannt.	16	0 %
Einprägung	Aufgrund der Größe, der sehr klaren Abgrenzung des Fehlers von der Umgebung und der sehr geringen Erwärmung kann dieser Fehler als unproblematisch eingestuft werden. Die Bestimmung der Tiefe kann durchgeführt werden.	2	0 %
Oberflächenrisse	Zur Oberfläche geöffnete Risse werden sicher detektiert und können anschließend vermessen werden.	2	0 %

Abschließend kann festgestellt werden, dass bei der durchgeführten vollständigen Untersuchung einer Bauteiloberfläche Schleifspuren die Rissdetektion stark beeinflussen und sehr häufig zu falschen Messungen führen. Die Oberflächenrauheit wird nur bei sehr groben Oberflächenstrukturen, wie in Abb. 4.10 links, als kritisch eingestuft.

7.2 Diskussion und Vergleich der Simulationen und Messungen

Die diskutierten Ergebnisse der Simulation und der Messungen haben gezeigt, dass eine große Übereinstimmung vorhanden ist. Mithilfe der in ANSYS durchgeführten Simulation und den Messungen konnte ein spezieller Verlauf der Oberflächentemperatur in der Umgebung des Risses oder einer Nut nachgewiesen werden. Anhand der Simulationsergebnisse war weiterhin eine Erprobung verschiedener Auswertungsalgorithmen möglich. Der charakteristische Temperaturverlauf wurde auch in Messungen nachgewiesen. Hierfür muss neben den Anforderungen an die Steuereinheit und an den Anregungstransformator, die bereits in Kapitel 4.1 betrachtet wurden, die Infrarotkamera eine hohe Bildwiederholfrequenz sowie eine sehr hohe Detektorauflösung aufweisen. Aufgrund der sehr beschränkten Detektorauflösung wurde für die durchgeführten Messungen eine spezielle Vergrößerungsoptik verwendet. Daher ist es nicht möglich das komplette Prüfteil abzubilden. Wie die Untersuchungen jedoch gezeigt haben, ist eine Bestimmung der Riss- oder Nuttiefe durch die Betrachtung des einseitigen Temperaturverlaufs möglich.

In der Simulation und den Messungen wurden nur Nuten wie in Abb. 7.9 rechts und künstliche Risse, wie sie nach mehreren Belastungszyklen auftreten, betrachtet. Durch die Möglichkeit der einseitigen Auswertung ist die Bestimmung der Tiefe dieser Nuten und Risse mit den gezeigten Methoden möglich.

Wie bereits gezeigt wurde, konnte mit 20 Einzelmessungen, die nacheinander durchgeführt wurden, eine Abschätzung vorgenommen werden, wie sicher die Tiefe einer Nut bestimmt werden kann. Diese Untersuchung wurde an einem speziell hergestellten Testobjekt (Abb. 7.2) mit einer 0,3 mm tiefen Nut durchgeführt. Der Mittelwert der einseitigen Vermessung des Temperaturverlaufs beträgt 27,15 Pixel mit einer Standartabweichung von 2,23 Pixeln. Hiermit kann man die Abweichung mit 8,21 % angeben. Der Mittelwert der ermittelten Tiefen der Nut auf der Grundlage der gemessenen Referenzwerte beträgt 0,3 mm und der simulierten 0,6 mm.

Durch die Unterschiede bei den simulierten und den gemessenen Referenzwerten ist die ausschließliche Nutzung von Simulationsergebnissen zur exakten Bestimmung von Riss- oder Nuttiefen nicht geeignet. Besser eignet sich die Simulation für einen qualitativen Vergleich. Auch für eine grobe Einschätzung der gemessenen Ergebnisse kann die Simulation genutzt werden. Für eine genaue Auswertung der Tiefe ist jedoch eine Referenzwertermittlung unverzichtbar.

7.3 Schlussfolgerungen aus den durchgeführten Simulationen und Messungen

Schlussfolgernd kann aus den durchgeführten Messungen und Simulationen Folgendes abgeleitet werden.

Je tiefer der Riss oder eine Nut, desto größer werden die zu detektierenden Temperaturdifferenzen entlang eines definierten Pfades senkrecht zu diesen. Der Temperaturgradient ist somit von der Tiefe abhängig. Die gesamte Temperaturdifferenz entlang des Pfades wird jedoch mit zunehmender Tiefe größer und nähert sich einem konstanten Grenzwert, der der Differenz aus der Oberflächentemperatur und der Prüfteiltemperatur vor der Anregung entspricht. Durch die Anpassung der Anregungsfrequenz können auch tiefere Risse oder Nuten untersucht werden. Dies gilt jedoch nur unter der Voraussetzung eines hinreichend dicken Prüfkörpers, sodass die Wärme zum Zeitpunkt der Auswertung noch nicht die Bauteilrückseite erreicht hat.

Ab einer bestimmten Tiefe sind die Kanteneffekte nicht mehr so gut zu erkennen. Bei großen Tiefen verringert sich der Anteil der induzierten Stromdichte, die unter dem Riss oder der Nut fließt. Vielmehr bilden sich zwei Wirbelstromkreise aus. Die Bestimmung der Tiefen ist dann nicht mehr möglich. Dieser Zusammenhang ist somit direkt abhängig von der Frequenz des anregenden Magnetfeldes. Praktisch bedeutet das für die Durchführung von Messungen, dass es sinnvoll ist, die Prüfung zuerst mit einer geringen Frequenz durchzuführen, um sicherzustellen, dass sich nicht zwei unabhängige Wirbelstromkreisläufe ausbilden.

Hinsichtlich der Auswertung kann festgehalten werden, dass bei Nuten und Rissen eine Approximation des Temperaturverlaufs durch eine lineare Funktion besser geeignet ist. Auch bezüglich der automatischen Auswertung und dem Vergleich der benötigten Rechenzeit kann mit der Approximation einer Geraden das beste Ergebnis erzielt werden. Aufwändigere Algorithmen, die auf der Annäherung von Polynomen basieren, bieten zwar eine genauere und stabilere Auswertung, benötigen jedoch mehr Zeit für die Berechnung.

Vergleichend kann zwischen den durchgeführten Messungen und den Simulationen festgehalten werden, dass die Simulationen einen erheblichen Aufwand bedeuten, wenn die Simulationsparameter so ermittelt werden sollen, dass die berechneten Ergebnisse mit den Messungen übereinstimmen sollen. Meistens kann eine Differenz zwischen den Ergebnissen nur auf einen konstanten Wert reduziert werden. Diese konstante Differenz beeinflusst jedoch nicht die Aussagefähigkeit der Ergebnisse. Somit können trotzdem quantitative Betrachtungen der Analyse durchgeführt und Schlussfolgerungen zur Auswertung der Messungen getroffen werden.

Im Vergleich der simulierten mit den gemessenen Ergebnissen bei der Bestimmung der Tiefe eines Risses oder einer Nut konnte festgestellt werden, dass die gemessenen Referenzwerte für eine genaue Bestimmung besser geeignet sind. Die Simulation bietet eine sinnvolle Möglichkeit die gemessenen Ergebnisse qualitativ zu vergleichen oder um eine grobe Einschätzung der Messdaten vorzunehmen.

Ebenfalls wurden Untersuchungen zur Bestimmung der Tiefe an Rissen und Nuten in ferritischen Stählen durchgeführt. Jedoch konnten mit den derzeit verfügbaren IR-Kameras keine charakteristischen Muster der Temperaturverteilung festgestellt werden. Die Wirbelströme verlaufen bei ferritischem Stahl aufgrund der sehr kleinen Eindringtiefe zu nah an der Oberfläche. Bei kurzen Rissen oder Nuten fließen die Wirbelströme daher an den Spitzen vorbei anstatt unter diesen hindurch. Die zu vermutenden Effekte, die durch Wirbelströme, die unter der Nut entlang fließen, hervorgerufen werden, beschränken sich somit auf einen wesentlich kleineren Bereich in deren Umgebung. In Simulationen mit ferritischen Stählen wird deswegen auch oft die Wärmequelle im Riss im zweidimensionalen Fall als Linienquelle und im dreidimensionalen Fall als Flächenquelle modelliert. Es wird sozusagen die Energie in den Rissflanken in Wärme umgewandelt. Hier stimmen zwar die thermischen Simulationsergebnisse sehr gut überein, jedoch ist der Mechanismus keineswegs physikalisch korrekt modelliert. Für weiterführende Informationen zur Modellierung soll hier auf [4] verwiesen werden.

Zuletzt soll auf eine Änderung in der Vorgehensweise zu der bisher durchgeführten induktiv angeregten Thermografie hingewiesen werden. Bisher war es üblich bei jeder Prüfung die optimale Leistung und somit thermische Energie in das Prüfteil einzubringen. Wichtig war immer nur, dass nach der Anregung ein ausreichender thermischer Kontrast erreicht wurde. So kann es beispielsweise sein, dass nicht alle Prüfungen mit der gleichen Anregungsleistung durchgeführt wurden. Hinsichtlich der in dieser Arbeit erstmals vorgestellten quantitativen Auswertung bezüglich der Tiefe eines Risses oder einer Nut kommt es vielmehr darauf an, jedes Bauteil mit genau den gleichen Prüfparametern zu prüfen. Am wichtigsten sind die Anregungsfrequenz und die Leistung. Nur durch die konstanten Prüfparameter, unter der Voraussetzung gleicher Prüfkörper, werden die einzelnen Thermogramme vergleichbar. Durch im Vorfeld aufgenommene Referenzwerte der thermischen Ergebnisse ist es möglich, die Nut- oder Risstiefe zu bestimmen.

Hinsichtlich des Anwendungsprozesses, bei dem die Prüfprodukte mit einer Prüfgeschwindigkeit von 1 m/s – 3 m/s durch die Prüfeinrichtung befördert werden, ist es sinnvoll die größtmögliche Bildwiederholfrequenz zu nutzen. Die Untersuchungen haben gezeigt, dass eine Bildfrequenz von 800 Vollbildern pro Sekunde ausreichend ist, um die Objektoberfläche vollständig aufzunehmen und sogar eine Mittelung über mehrere Bilder durchzuführen. Die Vermutungen einer hohen Bewegungsunschärfe konnten bei dieser hohen Bildfrequenz nicht bestätigt werden. Bei geringeren Bildfrequenzen wird sich die Möglichkeit einer Mittelung reduzieren. Für die Bewegungsunschärfe ist die Integrationszeit des Detektors ausschlaggebend. Da in dieser Arbeit nur gekühlte Kameras verwendet wurden, die Integrationszeiten von bis zu 1 µs haben, konnte dieser Einfluss nicht festgestellt werden. Problematisch ist bei höheren Durchlaufgeschwindigkeiten vielmehr die Datenverarbeitung und Auswertung. Bei den untersuchten 1,5 m langen Testobjekten wurden Bildsequenzen von 1,3 GB aufgenommen. Bei 7 m langen Halbzeugen werden dann 6,1 GB große Dateien zu erwarten sein, die innerhalb einer Taktzeit analysiert werden müssen. Demzufolge ist es empfehlenswert die Steuerung, die Bildverarbeitung und die Analyse auf mehrere Computer aufzuteilen.

8 Fehlerbetrachtungen

In den diskutierten Simulationen und Messungen gibt es viele Faktoren, die die Messungen negativ beeinflussen können. Daher soll im Folgenden auf die wichtigsten Ursachen eingegangen werden, die zu einer Fehlaussage führen können.

8.1 Ursachen für Fehlinterpretationen bei Messungen

Die häufigsten Ursachen für eine falsche Interpretation eines Thermogramms ist die Oberflächenrauheit. Dieser Effekt wurde bereits in Kapitel 7.1.4 näher betrachtet. Hierbei stellt eine homogene Oberfläche mit einer konstanten Rauheit nur eine geringe Schwierigkeit dar. Anspruchsvoller in der Auswertung sind Oberflächen mit nicht konstanten Oberflächeneigenschaften. Beispielsweise kann hier auf das in Abb. 4.10 und Abb. 4.11 abgebildete Testobjekt und das dazugehörige Thermogramm in Abb. 7.13 verwiesen werden. Als Schlussfolgerung soll festgehalten werden, dass die induktiv angeregte Thermografie mit einer Bestimmung der Tiefe eines Risses oder einer Nut sinnvoller zu einem späteren Zeitpunkt in der Produktion eingesetzt werden sollte. Wenn die Oberflächen bearbeitet wurden, werden keine störenden Einflüsse durch eine grobe Feinstruktur der Oberfläche zu erwarten sein.

Als weitere Ursache für eine fehlerhafte Messung sei auf die Form des Induktors in Abb. 8.1 hingewiesen.

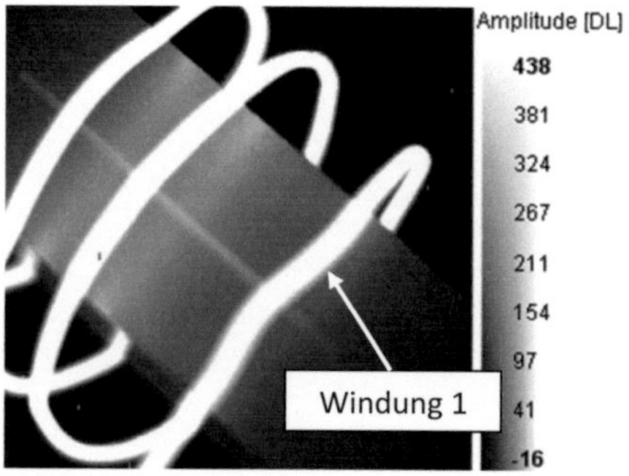

Abb. 8.1: Abbildung der Form eines Induktors als Ursache für eine fehlerhafte Bestimmung der Tiefe einer Nut

Der hier abgebildete Induktor besteht lediglich aus drei Windungen eines 2 mm dicken Kupferdrahtes. Die erste Windung zeigt einen groben nicht konstanten Verlauf des Drahtes.

Aufgrund der geringen Anzahl der Windungen und der sehr großen Streckung der Spule kann jede Windung näherungsweise als Einzelleiter betrachtet werden. Die Streckung der Spule verursacht weiterhin ein sehr inhomogenes magnetisches Feld und damit eine ungleichmäßige Erwärmung des Bauteils. Der gekrümmte Verlauf des Induktors über der Prüfteiloberfläche führt zu einem entsprechenden Verlauf der Wirbelströme im Material. Die Verteilung der Oberflächentemperatur entlang eines geraden Pfades zur Auswertung und Analyse der Tiefe der Nut unterscheidet sich somit grundsätzlich zu den bisher durchgeführten und diskutierten Messungen und Simulationen. Die Form eines Induktors sollte somit im Hinblick auf die spätere Auswertung ähnlich zum verwendeten Pfad sein. Bei Induktoren mit vielen Windungen wird dieser Effekt nicht auftreten, da das elektromagnetische Feld wesentlich homogener ist. Zum Vergleich ist der für diese Arbeit genutzte Versuchsaufbau in Abb. 8.2 dargestellt. Hier verläuft der Induktor parallel zu der zu prüfenden Oberfläche.

Abb. 8.2: Genutzter Versuchsaufbau mit einem hergestellten Messobjekt

Begrenzend ist außerdem die maximale Leistung des Anregungsimpulses. Die durchgeführten Versuche haben gezeigt, dass der thermische Kontrast größer wird, wenn innerhalb einer bestimmten Anregungszeit eine höhere Anregungsenergie in das Bauteil eingebracht werden kann. Es gilt der Zusammenhang, dass die Anregungszeit proportional zur Anregungsleistung ist und diese wiederum proportional zum thermischen Kontrast, der bei der Untersuchung erreicht werden kann ($t_{Anregung} \sim P_{Anregung} \sim Kontrast$). Hierbei spielt auch die thermische Auflösung des Detektors eine große Rolle. Wird für die Anregung lediglich eine geringe Leistung oder nur ein sehr kurzer Impuls genutzt, wird eine höhere Empfindlichkeit des Detektors benötigt.

Für die Auflösung des Oberflächentemperaturverlaufs ist neben der thermischen Auflösung auch die geometrische Auflösung des Detektors sehr wichtig. Heutige Detektoren haben bis zu 1 M Pixel (vgl. Tabelle 2.1). Über den Abbildungsmaßstab kann sehr leicht berechnet werden, auf wie viele Pixel eine Struktur abgebildet wird. Dieser Zusammenhang ist in folgender Abbildung dargestellt (Abb. 8.3).

Mit dieser Darstellung der geometrischen Abbildung kann einfach nachvollzogen werden, wie hoch die Auflösung eines Detektors sein muss, um ein Bauteil komplett abzubilden und trotzdem die charakteristischen Temperaturverläufe untersuchen zu können. Sinnvoll für die Auswertung ist eine Auflösung im Bereich $10\ \mu m - 100\ \mu m$.

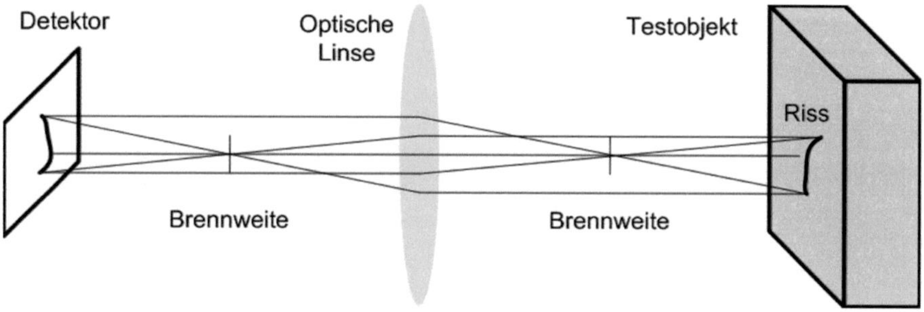

Abb. 8.3: Darstellung der Abbildung eines Risses auf einen Detektor [73]

Bei der Abbildung eines Testobjektes auf einen Detektor mit 3,2 Millionen Pixeln (2048 x 1512 Pixel) kann bei einer Auflösung von $10\ \mu m$ bestenfalls ein Sichtbereich von ca. $20\ mm\ x\ 15\ mm$ erreicht werden. Diese grobe Abschätzung zeigt, dass die Auflösung der bald verfügbaren Infrarotkameras noch viel zu gering ist, um eine Inlineprüfung mit dieser Technologie auszustatten. Mit den heutigen Kameras kann lediglich ein vorher lokalisierter Riss näher untersucht werden. Die Auflösungen der hier verwendeten Kameras und weitere Daten sind in Kapitel 4.1 angegeben. Für die Bestimmung der Risstiefe ist somit eine Vergrößerungsoptik unerlässlich.

Für die mathematische Betrachtung des durch eine nicht korrekt justierte Kameraoptik hervorgerufenen Fehlers sollen nun einige Ausführungen folgen.
Bei der Bestimmung der Tiefe von Rissen ist eine unscharfe Abbildung der thermischen Szene auf dem Detektor ein hauptsächlicher Fehlereinfluss. Der Abstand von der Kamera zum Prüfobjekt stellt in dieser Arbeit nur eine untergeordnete Rolle dar. Wichtiger ist, unter Voraussetzung einer scharfen Abbildung, die Darstellung der x-z-Ebene im Thermogramm. Hier ist der Abbildungsmaßstab von Bedeutung, der nach [73] durch Gleichung (8.1) angegeben werden kann.

$$\beta = \frac{x'}{x} \tag{8.1}$$

Hierbei bezeichnet β den optischen Abbildungsmaßstab, x' die Größe des Bildes und x die Größe des Objekts. Mithilfe des totalen Differentials kann, unter der Voraussetzung kleiner Messabweichungen, eine Fehlerabschätzung vorgenommen werden. Hieraus ergibt sich die folgende Gleichung (8.2)

$$\Delta\beta = \left|\frac{1}{x}\right| \cdot \Delta x' + \left|-\frac{x'}{x^2}\right| \cdot \Delta x\,. \tag{8.2}$$

Hierbei stellt nun x die Breite des sichtbaren Bereichs auf der Objektoberfläche mit $x = 15\,mm$ dar und die Abbildung des Sichtbereichs auf den Detektor x' mit $x' = 100\,Pixel$. Hieraus ergibt sich bei einem mittleren Pitch von 30 µm für CMT Detektoren (vergleiche Tabelle 2.1) $x' = 100 * 30\,\mu m = 3\,mm$. Die angenommenen Abweichungen beim Vermessen des Sichtbereichs auf der Oberfläche betragen $\Delta x = 1\,mm$ und bei der Vermessung der Abbildung auf den Detektor $\Delta x' = 1\,Pixel \cong 30\,\mu m$.
Somit ergibt sich für den Abbildungsmaßstab eine Messunsicherheit von $\Delta\beta = \left|\frac{1}{15\,mm}\right| \cdot 0{,}03\,mm + \left|-\frac{3\,mm}{(15\,mm)^2}\right| \cdot 1\,mm \approx 0{,}0153$. Bei weiteren Messungen, bei denen der Abbildungsmaßstab genutzt wird, muss dementsprechend die berechnete Messunsicherheit im Sinne der Fehlerfortpflanzung berücksichtigt werden.
Um den Vergleich der durchgeführten Simulationen mit den Messungen vornehmen zu können, wird nach Gleichung (8.1) ein Abbildungsfaktor $\beta = 25{,}5\frac{Pixeln}{mm}$ eingeführt. Die

Messunsicherheit dieses Abbildungsmaßstabs beträgt analog zu den vorherigen Betrachtungen nach Gleichung (8.2) mit $\Delta x = 1\,mm$ und $\Delta x' = 1\,Pixel$ $\Delta\beta = 2{,}65\frac{Pixel}{mm}$. Weiterführend kann nun unter Berücksichtigung der Fehlerfortpflanzung die Messunsicherheit der bestimmten Länge auf dem Bauteil bestimmt werden. Ausgangspunkt ist nun $x = \frac{x'}{\beta}$, wodurch sich die Messunsicherheit nach $\Delta x = \left|\frac{1}{\beta}\right| \cdot \Delta x' + \left|-\frac{x'}{\beta^2}\right| \cdot \Delta\beta$ berechnet. Mit $\beta = 25{,}5\frac{Pixeln}{mm}$, $\Delta\beta = 2{,}65\frac{Pixel}{mm}$, $x' = 255\,Pixel$ und $\Delta x' = 1\,Pixel$ ergibt sich $\Delta x = 1{,}078\,mm$. Die bestimmten Längen können dementsprechend auf $\pm 1{,}078\,mm$ genau angegeben werden.

An dieser Stelle ist auch die Betrachtung des Abbe-Limits sinnvoll. Es beschreibt das Auflösungsvermögen von optischen Systemen [73] mit

$$d = \frac{\lambda}{2 \cdot n \cdot \sin\alpha} . \tag{8.3}$$

Hier gibt λ die Lichtwellenlänge, n die Brechzahl des Mediums zwischen dem Prüfobjekt und dem Objektiv und α den halben Öffnungswinkel des Objektivs an. Der halbe Öffnungswinkel des Objektivs kann mit dem Linsendurchmesser von 8 cm und einem Abstand zwischen Testobjekt und Kamera von 10 cm berechnet werden. Für die Wellenlänge λ wird die obere Grenze des Cadmium-Quecksilber-Tellurid-Detektors der verwendeten Infrarotkamera Velox 65k M Pro eingesetzt. Somit ergibt sich das Auflösungsvermögen zu $d = \frac{5\,\mu m}{2 \cdot 1 \cdot \sin(21{,}8°)} \approx 6{,}73\,\mu m$. Hieraus folgt, dass die Ortsauflösung des Detektors verbessert werden kann. Der Pitch (Abstand zwischen zwei Pixeln) kann somit deutlich verringert werden.

Ein weiterer Faktor, der die Messungen beeinflusst, ist die Umgebungstemperatur. Dieser Faktor wird bei Laboranwendungen gern vernachlässigt, ist aber besonders in diesem betrachteten Anwendungsfall sehr bedeutend. In Stahlwerken liegt die Umgebungstemperatur durchaus bei 45°C - 50°C. Mobile ungekühlte Infrarotkameras werden in einem Betriebsbereich bis bestenfalls 40°C verwendet. Gekühlte Kameras können sogar bei einer Umgebungstemperatur bis 40°C dauerhaft betrieben werden. Bei Betriebstemperaturen über diesem Bereich wird das Detektorrauschen (NETD) zunehmen und die Langzeitstabilität drastisch reduziert. Zusätzlich wird die Lebensdauer des Detektors und des Stirlingkühlers und somit der gesamten Kamera verringert. Deswegen müssen Vorkehrungen getroffen werden, die die direkte Umgebung der Kamera zusätzlich kühlen.

Praktikabel ist hierbei eine Kapselung der Kamera und eine Kühlung mittels Druckluft oder Wasser. Im späteren Einsatz bei hohen Temperaturen und hoher Luftfeuchtigkeit muss dann besonders darauf geachtet werden, dass niedergeschlagenes Kondenswasser die Objektivlinsen nicht verschmutzt.

Hinsichtlich der Auswertung der Risstiefe ist neben der Umgebungstemperatur zusätzlich eine Schwankung der Anregungsfrequenz störend. Im nicht kontinuierlichen Betrieb der Prüfeinrichtung können nahezu identische Bedingungen wie bei der Ermittlung der Referenzwerte erreicht werden. Bei einem kontinuierlichen Einsatz des Systems ist jedoch davon auszugehen, dass sich der Transformator sowie der Induktor erwärmen und so zu einer Widerstandsänderung führen. Diese Änderung hat eine Drift der Anregungsfrequenz zur Folge. Unter Umständen sind diese Abweichungen so gravierend, dass die vorher aufgenommenen Referenzwerte nicht mehr zutreffen. Hierfür sollte eine kontinuierliche Kontrolle der Anregungsfrequenz sowie bei Abweichungen eine eventuelle automatische Korrektur vorgenommen werden. In der Simulation kann dieser Fehlereinfluss berücksichtigt werden. Aufgrund der Ähnlichkeit der Simulationsergebnisse zu den Messergebnissen kann auch nach geeigneten Tests die Simulation vollständig als Referenz verwendet werden.

8.2 Ursachen für Fehlinterpretationen bei Simulationen

Faktoren, die die Aussagefähigkeit einer durchgeführten Simulation stark beeinflussen können, sind unter anderem die Größe der Maschen. Nachdem analytisch die Simulationsergebnisse verifiziert werden konnten, können sich dennoch die Simulationsergebnisse maßgeblich unterscheiden. Hinsichtlich der dreidimensionalen Modellierung und der zeitlichen Optimierung der Simulation werden die Maschen immer so groß wie möglich gewählt. Bei zu großen Maschen können die Ergebnisse einer zunehmenden Drift unterliegen und somit unbrauchbar werden.

Auch die für die Simulation genutzten Materialmodelle können fehlerhaft oder nicht genau genug sein. Dieser Unsicherheitsfaktor soll jedoch in dieser Arbeit nicht weiter betrachtet werden.

8.3 Untersuchung verschiedener Fehlereinflüsse

Nachdem bislang die dominierenden Fehlereinflüsse vorgestellt und diskutiert wurden, sollen jetzt weitere Untersuchungen und Analysen anhand von Messungen und Simulationen vorgestellt werden.

8.3.1 Betrachtung der Frequenzabhängigkeit des thermischen Kontrastes

Bei den durchgeführten Messungen konnte eine starke Abhängigkeit von der Anregungsfrequenz festgestellt werden. Bei gleichbleibender Anregungsdauer steigt bei höherer Frequenz die in das Bauteil eingebrachte Leistung. Die nachfolgenden Untersuchungen zeigen genau diese Abhängigkeit und beschreiben die Auswirkungen auf die Bestimmung der Riss- oder Nuttiefe.

In Abb. 8.4 sind die simulierten Temperaturverteilungen an der Bauteiloberfläche aufgetragen. Bei der Simulation wurde die Modellgeometrie nicht verändert und die Dauer des Anregungsimpulses sowie der Stromfluss durch den Induktor konstant gehalten.

Es wurden exemplarisch vier Frequenzen zwischen $10\,kHz$ und $200\,kHz$ ausgewählt, an denen die Betrachtungen verdeutlicht werden sollen. Die Anregungsdauer in der Simulation beträgt $50\,ms$.

In Abb. 8.4 kann in erster Linie eine deutliche Erhöhung der Temperaturen festgestellt werden. Bei $10\,kHz$ wird die Oberfläche, wie in den bisher vorgestellten Ergebnissen, im Durchschnitt um $3\,K$ erwärmt. Diese Temperaturdifferenz ist in aller Regel ausreichend, um eine zerstörungsfreie Prüfung durchführen zu können. Dennoch kann es notwendig sein, einen Prüfkörper aus unterschiedlichen Gründen stärker anzuregen.

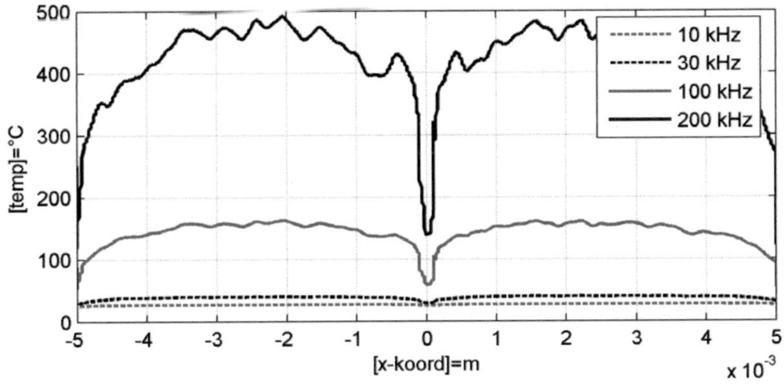

Abb. 8.4: Darstellung der Oberflächentemperaturen einer modellierten Nut mit 0,5 mm Höhe und 0,2 mm Breite in Abhängigkeit der Anregungsfrequenz bei gleicher Anregungsdauer und gleichem Induktorstrom

Dieser Fall tritt vorwiegend bei Bauteilen mit sehr guter thermischer Leitfähigkeit auf. Im Vergleich zu den niedrigeren Anregungsfrequenzen wird der Fehlerkontrast bei den höheren Frequenzen größer. Zusätzlich kann eine Überhöhung der Temperatur der defektfreien Objektoberfläche festgestellt werden. An den Randbereichen des Bauteils wird ein erheblich stärkerer Temperaturabfall gemessen. Die Nut wird in den abgebildeten Temperaturverläufen mit steigender Frequenz immer besser sichtbar.

Jedoch ist bei sehr hohen Frequenzen damit zu rechnen, dass sich zwei eigenständige Wirbelkreise auf beiden Seiten des Risses oder der Nut ausbilden und dementsprechend die Detektierbarkeit verschlechtert wird. Dann würde auch keine zuverlässige Aussage über die Tiefe mehr möglich sein, da hierfür die Wirbelströme unter dem Riss oder der Nut entlang fließen müssen. Hierzu sei auf Abb. 6.7 und Abb. 6.16 verwiesen.

Zusätzlich muss im Hinblick auf eine zerstörungsfreie Prüfung die Anregung mit 200 kHz und der Anregungsdauer von 0,05 ms für das genutzte Modell mit Vorsicht betrachtet werden. Bei einer maximalen Oberflächentemperatur von 500°C kann davon ausgegangen werden, dass die Bauteileigenschaften verändert werden.

Für eine bessere Verdeutlichung der Abhängigkeit von der Anregungsfrequenz sind in Abb. 8.5 die simulierten Oberflächentemperaturen auf die jeweilige maximale Temperatur normiert dargestellt. Hier kann der steilere Temperaturabfall bei höheren Frequenzen unabhängig von der höheren Oberflächentemperatur betrachtet werden.

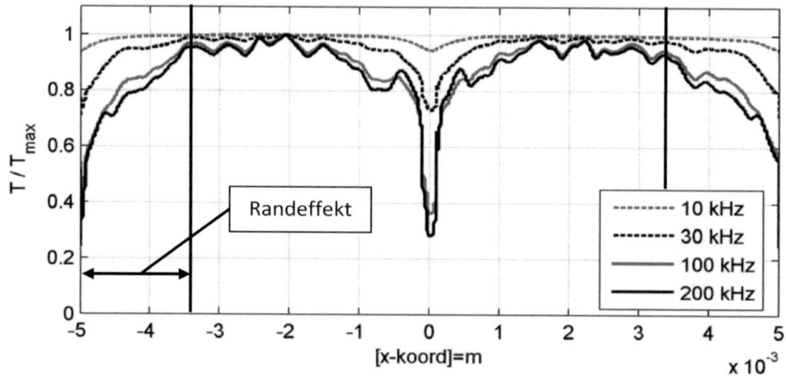

Abb. 8.5: Darstellung der simulierten Oberflächentemperaturen in Abhängigkeit der Anregungsfrequenz bei gleicher Anregungsdauer und gleichem Induktorstrom an einer Nut (Normiert wurde auf die maximale Temperatur der jeweiligen Messung)

In Abb. 8.6 sind die Oberflächentemperaturen einer Messung in Abhängigkeit von zwei Anregungsfrequenzen normiert auf den Mittelwert der ersten Messung bei $270\,kHz$ dargestellt. Der digitalisierte Mittelwert, der vom Detektor gemessenen Intensität, beträgt $9.550\,DL$. Es ist zu erkennen, dass die Temperatur in der Umgebung der Nut bei der höheren Anregungsfrequenz steiler abfällt als bei der kleineren Frequenz.

Bei den durchgeführten Messreihen ist die Ausgangsleistung des Transformators auf 20 % der Maximalleistung (10 kW) begrenzt worden. Die Frequenz wurde zwischen $270\,kHz$ und $370\,kHz$ variiert. Bei den Messungen beträgt die Anregungsdauer $200\,ms$ und die Messdauer zum Aufnehmen der Infrarotbilder $1\,s$. Der Abstand zwischen dem zusätzlichen Objektiv und der Prüfoberfläche beträgt ca. $15\,cm$.

Hierbei sind keine geschlossenen Risse bzw. Risse, bei denen sich die Rissflanken berühren (Kissing Bonds), betrachtet worden.

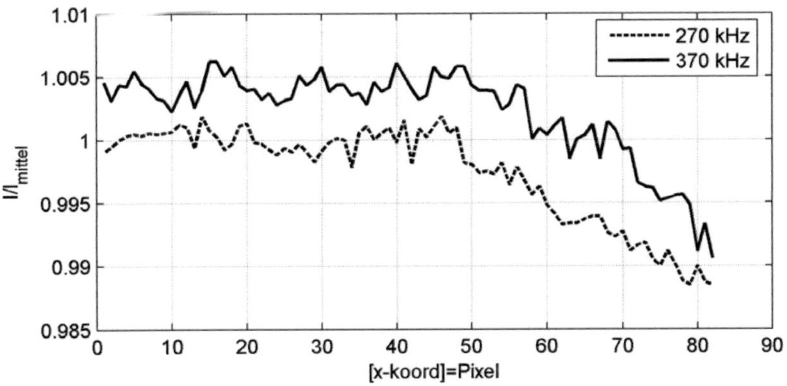

Abb. 8.6: Oberflächentemperaturen entlang eines Pfades nach Anregung mit 270 kHz und 370 kHz an einer Nut (Normiert auf die gemessene mittlere Intensität der an die Nut angrenzenden Oberfläche nach der Anregung mit 270 kHz)

Bei einem Versuch zur Optimierung der Anregungsfrequenz hinsichtlich eines bestmöglichen thermischen Kontrasts an der Bauteiloberfläche kann dementsprechend die Resonanzfrequenz betrachtet werden. Diese wird durch einen Frequenzscan bei sehr geringer Leistung ermittelt. Bei der Resonanzfrequenz des Schwingkreises wird die maximale Energie zur Anregung genutzt.

8.3.2 Betrachtung des Emissionsgrades

Weitere Untersuchungen werden an Testobjekten vorgestellt, bei denen die Oberfläche durch vorherige Fertigungsschritte, wie beispielsweise durch Kühlung und Reinigung, leicht feucht ist. Hierzu werden einige Ergebnisse vorgestellt, bei denen die Thermogramme allgemein bezüglich ihrer Fehlererkennbarkeit untersucht werden.

Die durchgeführten Versuche werden an einem Testobjekt vorgestellt, bei dem die Oberfläche zuerst im staub- und fettfreien Zustand betrachtet wurde (siehe Abb. 8.7).

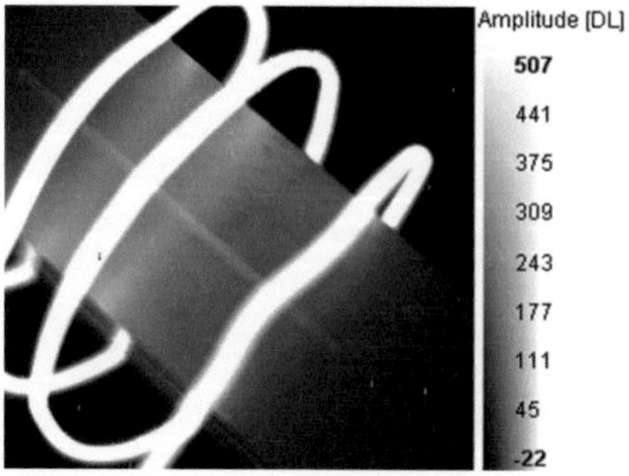

Abb. 8.7: Thermogramm einer Prüfteiloberfläche ohne aufgetragenen Wasserfilm ($\varepsilon = 0,3$)

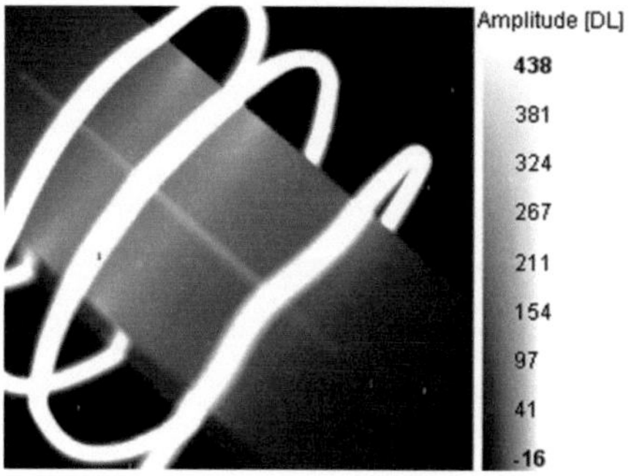

Abb. 8.8: Thermogramm einer Prüfteiloberfläche mit aufgetragenem Wasserfilm ($\varepsilon = 0,9$)

Bei der weiteren Betrachtung wurde ein geringer Wasserfilm auf die Oberfläche aufgetragen (Abb. 8.8). Der Emissionsgrad beträgt somit statt $\varepsilon = 0{,}3$ jetzt $\varepsilon = 0{,}9$.

Der Vergleich der beiden Abbildungen zeigt, dass die in Abb. 8.7 erkennbaren Unterschiede des Emissionsgrades der Oberfläche, die durch Schleifbrand hervorgerufen wurden, in Abb. 8.8 nicht mehr zu erkennen sind. Schleifbrand entsteht, wenn bei einem Schleifvorgang eine zu hohe Vorschubgeschwindigkeit eingestellt wird und die dadurch entstehende Temperatur die Werkstoffeigenschaften beeinflusst [1].

Eine genauere Auswertung ermöglicht die Betrachtung der detektierten Strahlungsintensität entlang eines Pfades auf der fehlerfreien Oberfläche. Dieser Verlauf ist in folgendem Diagramm (Abb. 8.9) vergleichend dargestellt.

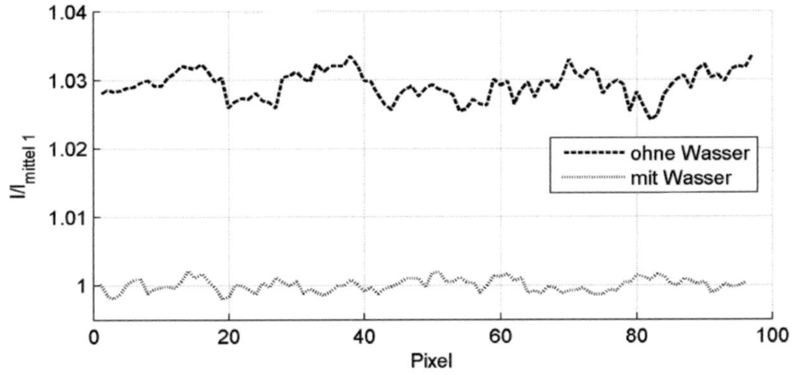

Abb. 8.9: Verlauf der detektierten und auf $I_{mittel\,1} = 9027\ DL$ normierten Intensität entlang eines Pfades auf der fehlerfreien Objektoberfläche mit und ohne aufgetragenen Wasserfilm.

Aus der normierten Intensität in Abb. 8.9 ist ersichtlich, dass die Temperaturen der Oberfläche mit einem zusätzlichen Wasserfilm auf der Oberfläche homogener sind. Das wiederkehrende Muster des Schleifbrandes kann durch einen aufgetragenen Wasserfilm nahezu vollständig ausgeblendet werden. Zusätzlich reduziert sich die Intensität der detektierten Strahlung geringfügig. Das kann dadurch begründet werden, dass der Transmissionskoeffizient $\tau \neq 1$ ist und somit nicht die gesamte infrarote Strahlung detektiert werden kann. Unterschiede, die durch die Oberflächeneigenschaften hervorgerufen werden, können demzufolge nahezu vollständig ausgeblendet werden.

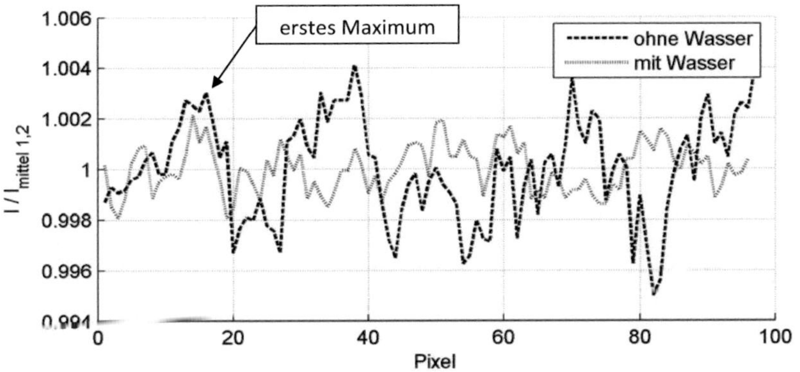

Abb. 8.10: Auf den jeweiligen Mittelwert normierter Verlauf der detektierten Intensität entlang eines Pfades auf der fehlerfreien Objektoberfläche mit und ohne aufgetragenen Wasserfilm.

Für einen besseren Vergleich sind in Abb. 8.10 die besprochenen Intensitätsverläufe, auf ihren jeweiligen Mittelwert normiert, dargestellt.

In diesem Diagramm ist zu erkennen, dass einige der Oberflächenstrukturen nur bedingt reduziert werden konnten. Hierzu sei auf das gekennzeichnete erste lokale Maximum der Messreihe hingewiesen. In der Messreihe ohne aufgetragenen Wasserfilm ist eine Struktur der Oberfläche sehr gut zu erkennen.

Im Folgenden werden weitere Versuchsergebnisse anhand von Thermogrammen vorgestellt. Für eine bessere und einfachere Erkennbarkeit werden diese in Falschfarbendarstellung vorgestellt und nicht wie bisher mit einer Graustufenskala. Die Testobjekte werden durch den Induktor bewegt und in Fortbewegungsrichtung hinter dem Induktor mit einer IR-Kamera aufgenommen.

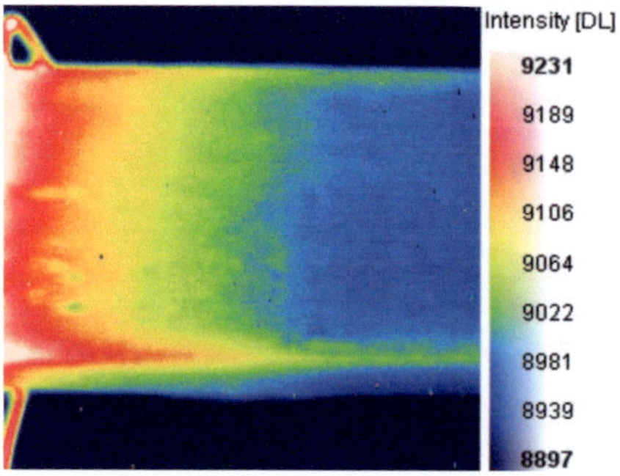

Abb. 8.11: Thermogramm eines Testobjekts (Abb. 4.10 rechts) ohne aufgetragenen Wasserfilm auf der Oberfläche ($\varepsilon = 0,6$)

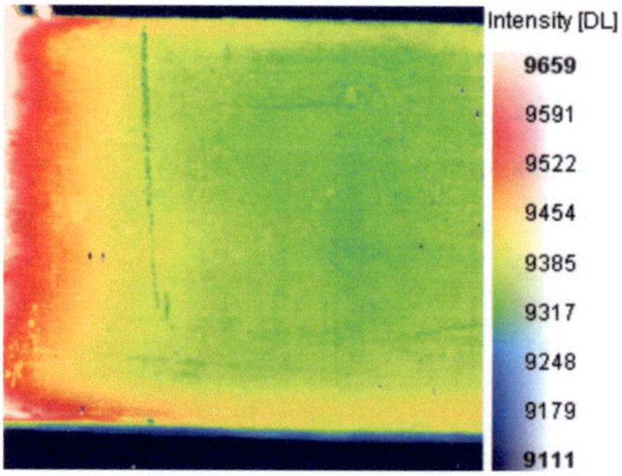

Abb. 8.12: Thermogramm eines Testobjekts (Abb. 4.10 rechts) mit aufgetragenem Wasserfilm auf der Oberfläche ($\varepsilon = 0,8$)

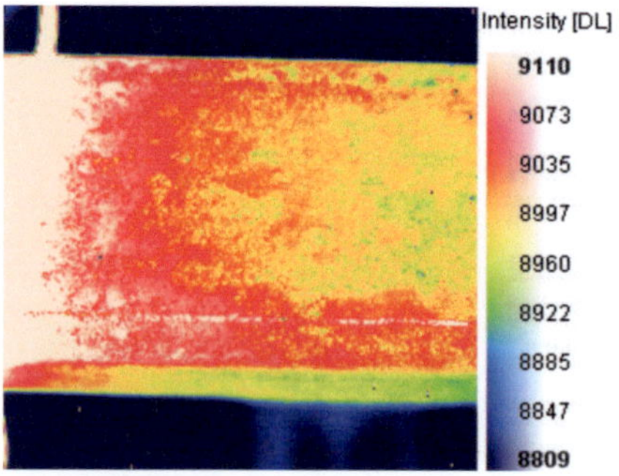

Abb. 8.13: Thermogramm eines Testobjekts (Abb. 4.10 links) ohne aufgetragenen Wasserfilm auf der Oberfläche ($\varepsilon = 0,7$)

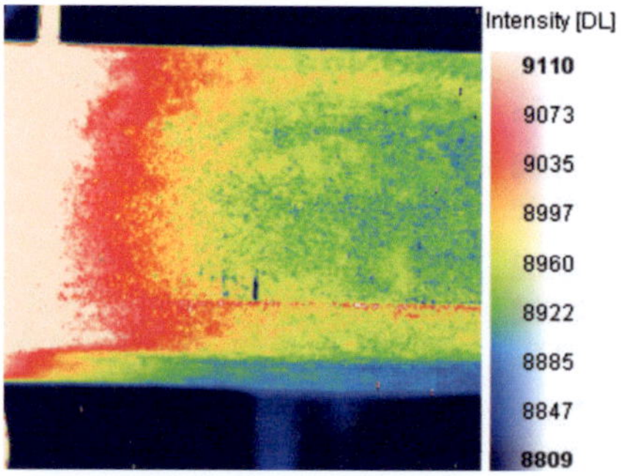

Abb. 8.14: Thermogramm eines Testobjekts (Abb. 4.10 links) mit aufgetragenem Wasserfilm auf der Oberfläche ($\varepsilon = 0,9$)

In Abb. 8.11 ist ein Thermogramm des in Abb. 4.10 rechts dargestellten Testobjekts abgebildet. Hier ist auffällig, dass die Temperatur sehr stark und schnell abfällt. Im Gegensatz dazu wird in Abb. 8.12 das gleiche Testobjekt mit einem aufgebrachten Wasserfilm ebenfalls in einem Thermogramm dargestellt. Es kann festgestellt werden, dass die Oberfläche sehr viel homogener ausgeleuchtet ist. Das Wasser beeinflusst den Emissionsgrad ($\varepsilon_{wasser} = 0{,}97$) der Oberfläche und gleicht Rauheiten aus. Strukturen der Oberfläche, die aufgrund von Emissionsgradunterschieden hervorgerufen werden, werden reduziert. Durch den Einsatz von Wasser werden zudem kleinere Defekte sichtbar, die vorher durch die inhomogene Temperaturverteilung nicht sichtbar waren.

Die gleichen Untersuchungen wurden ebenso an dem Testobjekt in Abb. 4.10 links durchgeführt. Hierbei kam die Fragestellung hinzu, wie sich ein Wasserfilm auf der Objektoberfläche auswirkt, wenn diese sehr stark verunreinigt oder wie in diesem Fall verzundert ist.

In Abb. 8.13 ist die Objektoberfläche im trockenen Zustand abgebildet. In diesem Thermogramm kann an der Unterseite bereits ein sehr langer longitudinal orientierter Riss erkannt werden. Dennoch weist die Oberfläche einen sehr stark strukturierten und inhomogenen Temperaturverlauf auf. Die bereits besprochenen groben Zunderrückstände und die unebene Oberfläche erwärmen sich sehr unterschiedlich.

In Abb.8.14 ist die gleiche Oberfläche mit aufgetragenem Wasserfilm dargestellt.

Durch die unebene Oberfläche ist ein homogenes Auftragen des Wassers nur schwer möglich. Trotzdem kann eine Verbesserung festgestellt werden. In dem zuvor sehr überstrahlten Thermogramm grenzen sich die Fehler besser von der übrigen Oberfläche ab. Der Riss im unteren Bereich der Darstellung ist jetzt wesentlich klarer von der Oberfläche abgrenzbar.

Eine mögliche Begründung dafür, dass die Oberfläche jetzt homogener erwärmt wird, kann an dem besseren thermischen und auch elektrischen Kontakt der Oberflächenteile liegen. Aller Vermutung nach besteht kein direkter elektrisch leitender Kontakt zwischen der Oberfläche und dem Vollmaterial.

Zusammenfassend können bezüglich der Oberflächenhomogenisierung mit Wasser folgende Aspekte genannt werden.

Es ist grundsätzlich möglich, leicht feuchte elektrisch leitende Prüfobjekte mittels induktiv angeregter Thermografie zerstörungsfrei zu prüfen. Durch den aufgebrachten Wasserfilm ist eine Homogenisierung des Emissionsgrades der Objektoberfläche möglich. Beim Aufbringen des Wasserfilms besteht die Schwierigkeit, diesen homogen aufzutragen. Ein gleichmäßiges Auftragen ist für die Auswertbarkeit des Thermogramms sehr wichtig. Die Bildung von Tropfen muss unbedingt vermieden werden. Wassertropfen auf der Prüfoberfläche können die Prüfung hinsichtlich der induktiven Anregung und der Detektion der infraroten Strahlung negativ beeinflussen. Zusätzlich darf das verwendete Wasser keine groben Verunreinigungen aufweisen, die im Thermogramm zu Artefakten führen können.

Durch den Einsatz eines Wasserfilms konnte in allen Messungen der Emissionsgrad erhöht werden und zusätzlich kleine Oberflächenstrukturen ausgeglichen werden konnten.

Wenn destilliertes Wasser zur Homogenisierung genutzt wird, können die gleichen Effekte festgestellt werden. Zusätzlich wird damit verhindert, dass das elektromagnetische Feld zur thermischen Anregung durch das leitfähige Wasser geschwächt und so die gesamte Energie im Prüfteil umgewandelt wird.

9 Zusammenfassung

In dieser Arbeit wurde erstmalig gezeigt, dass die induktiv angeregte Thermografie auch für quantitative Aussagen über die Nut- und somit auch Rissgeometrie herangezogen werden kann.
Im Fokus der quantitativen Auswertung liegt hierbei die Bestimmung der Tiefe eines Risses. In dieser Arbeit wurde hierfür zuerst eine grundlegende Untersuchung anhand einer Simulation durchgeführt. Die modellierten geometrischen, elektrischen und thermischen Zusammenhänge haben sich dabei an dem eingesetzten Versuchsaufbau orientiert, um eine Vergleichbarkeit der Ergebnisse zu den später durchgeführten Messungen zu gewährleisten. Nach der Verifizierung der Simulation der induktiv angeregten Thermografie durch geeignete Vergleiche zu Testmessungen und analytischen Berechnungen wurden verschiedene Simulationen durchgeführt. In erster Linie wurde der Verlauf der Wirbelströme in der Umgebung einer Nut und eines Risses untersucht. Folgend konnte über die Jouleschen Verluste die Erwärmung an der Oberfläche berechnet werden. Ziel war es, einen charakteristischen Verlauf der Oberflächentemperaturen zu finden, der es ermöglicht, anhand eines aufgenommenen Thermogramms, die Tiefe zu bestimmen.
Die durchgeführten Messungen wurden zuerst an speziell hergestellten Prüfobjekten durchgeführt. Diese bestehen aus austenitischem Stahl und weisen einseitig eine definierte Nut auf, die sich über die gesamte Bauteillänge erstreckt. Die Messmethode wurde später auch an weiteren Proben verifiziert. Hierfür wurden Edelstahlhalbzeuge verwendet, die mittels Stranggussverfahren hergestellt wurden und prozessbedingt verschiedene Fehlstellen aufweisen. Anhand der speziell hergestellten Probekörper konnte ein Vergleich der Simulation mit den Messungen gezogen werden. Der Vergleich zeigt eine sehr gute Übereinstimmung der Ergebnisse, wie am untersuchten Verlauf der Oberflächentemperaturen in der Umgebung von Nuten und Rissen dargestellt werden konnte.
Zur exakten Bestimmung der Tiefe ist bei der vorgestellten Methodik eine Ermittlung der Referenzwerte notwendig. Hierfür werden im Vorfeld einer Messung Messreihen an den speziell hergestellten Testkörpern mit Nuten unterschiedlicher Tiefen aufgenommen, sodass im Folgenden ein konkreter Zusammenhang zwischen der Tiefe und dem resultierenden Temperaturverlauf an der Bauteiloberfläche aufgezeigt werden kann. Bei den nachfolgenden

Messungen kann nun anhand des Temperaturverlaufs die Tiefe einer Nut und später auch eines Risses ermittelt werden. Alternativ wurde auch der Einsatz von Simulationsergebnissen als Referenz betrachtet. Bei den durchgeführten Messungen ist aufgefallen, dass aufgrund der sehr begrenzten Detektorauflösung der sichtbare Bereich auf der Objektoberfläche sehr beschränkt ist. Nach weiteren Untersuchungen konnte jedoch festgestellt werden, dass die Bestimmung der Tiefe einer Nut auch durch die Auswertung des Temperaturverlaufs auf einer Seite der Nut ausreichend ist. Hierdurch entfällt zusätzlich die Betrachtung der Breite der Nut oder des Risses. Es muss jedoch davon ausgegangen werden, dass die Unsicherheit bei der einseitigen Betrachtung größer ist. Anhand von 20 Einzelmessungen an einer 0,3 mm tiefen und 0,5 mm breiten Nut konnte eine Betrachtung der Messabweichungen vorgenommen werden. Der Mittelwert dieser Messungen beträgt 27,15 Pixel mit einer Streuung von 2,23 Pixeln. Somit beträgt die relative Abweichung 8,21 %.

Unter Verwendung der aus der Simulation gewonnenen Referenzwerte ergibt sich eine Tiefe der Nut von 0,8 mm. Die Differenz zwischen den ermittelten Tiefen beträgt 0,4 mm. Es konnte somit festgestellt werden, dass die mit der Simulation bestimmten Referenzwerte nicht für die exakte Bestimmung der Tiefe einer Nut herangezogen werden kann. Vielmehr eignen sie sich zur groben Gutteil bzw. Schlechtteil Bewertung der Messergebnisse.

Der Prüfprozess, für den die vorgestellten Untersuchungen durchgeführt wurden, bezieht sich auf das Aufnehmen der Infrarotbilder, indem mit einer Infrarotkamera die Oberfläche des bewegten Bauteils abgetastet wird. Die Vorschubgeschwindigkeit des Prüfteils beträgt bei den durchgeführten Messungen bis zu 1 m/s. Hieraus resultieren die sehr hohen Anforderungen an die Bildgebungstechnik, wie beispielsweise eine sehr hohe Bildwiederholrate. In dieser Arbeit wurde eine Bildwiederholrate von 400 Vollbildern pro Sekunde genutzt.

Ziel dieser Arbeit ist es in Zukunft mit einem einzigen Scanvorgang Materialfehler eindeutig lokalisiert und vermessen werden können. Diese Ergebnisse können ebenfalls zur Einteilung der Prüfobjekte in Kategorien wie „Gut“ oder „Ausschuss“ herangezogen werden. Für diesen Arbeitsschritt wird keine zusätzliche Untersuchung oder Prüfschritt notwendig. Alle Prüfobjekte können somit sehr schnell und zerstörungsfrei geprüft werden. Für Hersteller von sicherheitsrelevanten Bauteilen bedeutet diese neue Methodik eine enorme Einsparung von Zeit, die für die Prüfung, bei gleichen Anforderungen an Sicherheit und Qualität, sonst nur mit mehreren Prüfanlagen realisierbar waren.

Hinsichtlich des industriellen Einsatzes wurden weitere Untersuchungen durchgeführt, die die Auswirkungen der Änderung bestimmter Randbedingungen auf die Fehlererkennung umfassen. Hierfür wurde unter anderem der Einfluss einer nicht trockenen Bauteiloberfläche untersucht. Die Ergebnisse haben gezeigt, dass bei einem homogenen Wasserfilm, der sich auf der Oberfläche befindet, keine Beeinträchtigung der Messungen auftritt. Es kann sogar festgestellt werden, dass sich die Oberfläche homogener erwärmt und so störende Strukturen der Oberfläche unterdrückt werden können. Dies kann im Speziellen anhand einer sehr stark verzunderten Oberfläche festgestellt werden. Durch den Wasserfilm kann der Kontakt vom Bauteil zur Oberfläche verbessert werden, sodass sogar an solchen Oberflächen Messungen durchgeführt und beispielsweise Risse eindeutiger erkannt werden können.

Weiterhin wurden auch Untersuchungen zur Ermittlung des Einflusses der Oberflächenrauheit durchgeführt. Die Rauheit der Oberfläche wurde hierfür zuerst in der Simulation modelliert und die Ergebnisse anschließend mit den gemessenen Daten verglichen. Hier konnte festgestellt werden, dass sich durch die Oberflächenrauheit die Oberflächentemperatur um eine konstante Differenz erhöht. Der quantitative Verlauf zum Bestimmen der Tiefe wird jedoch nicht beeinflusst. Durch die Bildung eines Mittelwertes kann der Einfluss der Rauheit, bis auf die beschriebene konstante Temperaturdifferenz an der Oberfläche, unter der Voraussetzung, dass die Oberflächenrauheit auf der Oberfläche gleichmäßig verteilt ist, eliminiert werden.

Es konnte weiterhin eine Beziehung zwischen der Anregungsfrequenz und der Tiefe festgestellt werden, die erfüllt sein muss, um die Tiefe des Risses oder der Nut sicher bestimmen zu können. Hierfür gilt die Voraussetzung, dass die Anregungsfrequenz und somit die Wirbelstromeindringtiefe im Bereich der Tiefe beispielsweise einer Nut liegt. Bei unbekannten Nut- oder Risstiefen sollte somit die Anregungsfrequenz sehr tief gewählt werden. Hierdurch kann verhindert werden, dass sich zwei unabhängige Wirbelstromkreisläufe ausbilden. Nur unter dieser Voraussetzung sind die späteren Temperaturverläufe für die Risstiefenbestimmung nutzbar.

Der in dieser Arbeit beschriebene Ansatz folgt dem derzeitigen Trend, die Thermografie in der zerstörungsfreien Prüfung nicht mehr nur als Verfahren zum Detektieren von oberflächennahen Rissen zu nutzen, sondern diese zusätzlich zu klassifizieren. Zunehmend werden die aufgenommenen Thermogramme hinsichtlich einer quantitativen Auswertung betrachtet. Die induktiv angeregte Thermografie erreicht dadurch einen neuen wichtigen Stellenwert in der zerstörungsfreien Prüfung.

10 Ausblick

Bei den durchgeführten Untersuchungen zur Bestimmung der Tiefe einer Nut und eines Risses mithilfe der induktiv angeregten Thermografie, konnten weitere Forschungsschwerpunkte für nachfolgende wissenschaftliche Arbeiten festgestellt werden, auf die im Folgenden kurz hingewiesen und eingegangen werden soll.

Für weitere Untersuchungen sollte das Verhalten des Temperaturverlaufs an sehr kleinen und zuvor genau vermessenen Rissen untersucht werden. Die Tiefen von Rissen befinden sich im Bereich von 0,01 mm. Die in dieser Arbeit untersuchten Nuten und Risse liegen in der Größenordnung von wenigen Millimetern. Interessant ist hier, inwieweit sich der Temperaturverlauf an der Objektoberfläche verändert. Hierzu sollte versucht werden eine Reihe von geeigneten Prüfkörpern herzustellen, die beispielsweise Belastungsrisse aufweisen. Bei diesen Untersuchungen könnte das vorwiegende Interesse in Rissen mit einer Tiefe von 0,3 mm bis 0,001 mm liegen.

Da die in dieser Arbeit eingesetzten Bildgebungssysteme nur über eine sehr begrenzte Detektorgröße verfügen, sollten hinsichtlich einer vollautomatischen Prüfung infrarotempfindliche Kameras getestet werden, die über Detektoren mit beispielsweise 3,2 Mio. Pixel oder mehr verfügen. Die aktuellen Entwicklungen am Markt lassen in den nächsten Jahren erheblich größere Detektoren erwarten. Der beschriebene Fall, dass sich die Prüfobjekte unter der Kamera auf einem Fördersystem bewegen, macht hohe Bildraten zwingend notwendig. Alternativ könnten Untersuchungen mit anderen Vergrößerungsoptiken durchgeführt werden. Hier stellt sich die Frage, wie sich ein Weitwinkelobjektiv auf die Messungen auswirkt. In diesem Fall könnte bei einer geringeren Detektorauflösung der sichtbare Bereich vergrößert werden. Es ist jedoch zu vermuten, dass die Sensitivität des Messsystems vergleichsweise schlechter wird. Bei der Verwendung größerer Detektoren könnte das zunehmende Detektorrauschen die Messungen beeinträchtigen.

Weiterhin ist eine genaue Betrachtung der Unsicherheit bei der Bestimmung der Risstiefe bei einem bewegten Prüfteil notwendig. Diese wird abhängig vom jeweiligen Messsystem sein, da hierbei die Sensitivität der IR-Kamera eine dominierende Bedeutung trägt.

Interessant ist auch, wie sich verschlossene Risse oder Risse bei denen sich die Rissflanken berühren, verhalten. Durch den thermischen und elektrischen Kontakt der beiden Seiten kann dies zu einer gänzlich unterschiedlichen Wärmentwicklung in der Umgebung des Risses führen.

Zur Überführung der vorgestellten induktiv angeregten Thermografie zur Bestimmung der Tiefe von oberflächennahen Rissen in eine industrielle Serienprüfung bietet sich die Nutzung von Fuzzy-Techiken oder Neuronalen Netzwerken an. Mit diesen Methoden können anhand von geeigneten Tests Muster und Regeln definiert werden, um das vorgestellte inverse Problem abzubilden. Diese Lösungsmethoden können selbst komplizierte Sachverhalte abbilden und stellen daher vor dem Hintergrund eines Serieneinsatzes des Verfahrens eine interessante und gängige Lösungsmethode dar.

Ich möchte das Prinzip der Fuzzy-Technik und der Neuronalen Netze jedoch nur sehr ungern in den Stand der Technik meiner Arbeit aufnehmen, da diese für das Verstehen meiner Arbeit keinerlei Relevanz haben.

Abschließend könnte die behandelte Thematik auf andere Materialien wie CFK oder Titan angewendet werden. Besonders im Bereich der faserverstärkten Kompositmaterialien, bei denen die Thermografie eine mögliche Prüfmethode darstellt, ist ein enormes Potenzial vorhanden.

11 Literaturverzeichnis

1. **Weißbach, W.** *Werkstoffkunde - Strukturen, Eigenschaften, Prüfung 17.Auflage.* Braunschweig: Vieweg+Teubner, 2010.
2. **Shivpuri, R., Pauskar, P., Kini, S.** *Investigation of internal cracking and its prevention during induction heating of cold-forged parts.* Ohio : Proceedings of the Institution of Mechanical Engineers, 2001, Bd. 215.
3. **Rösner, H.** *Thermographic Nondestructive Evaluation of Early Stages Fatigue Damage in Titanium Material.* Saarbrücken : Shaker Verlag, 2003.
4. **Vrana, J.** *Grundlagen und Anwendungen der aktiven Thermographie mit elektromagnetischer Anregung (Diss).* Saarbrücken : Universität des Saarlandes, 2008.
5. **Riegert, G.** *Induktions-Lockin-Thermografie - ein neues Verfahren zurzerstörungsfreien Prüfung.* Institut für Kunststofftechnik der Universität Stuttgart : s.n., 2007.
6. **Schuster, N., Kolobrodov, V. G.** *Infrarotthermographie.* s.l. : Wiley-VCH Verlag GmbH & Co. KGaA, Auflage: 2, Juli 2004.
7. **Cecchini, A.** *Damage detection and identification in sandwich composites using neural networks (Thesis).* Mayagüez, Puerto Rico : University of Puerto Rico, 2005.
8. **Oswald-Tranta, B., Wally, G.** *Thermo-inductive investigations of steel wires for surface cracks.* 5782, Bellingham, : Proceedings of SPIE, 2005, Bd. Thermosense XXVII.
9. **Oswald-Tranta, B., Wally, G., O'Leary, P.** *Thermoinduktive Drahtinspektion für Oberflächenrisse.* Rostock : DGZfP, 2005, Bde. DGZfP-Berichtsband 94.
10. **Walle, G., Netzelmann, U.** *Thermographic crack detection in ferritic steel components using inductive heating.* s.l. : ECNDT, 2006.
11. **Berber, J., Kacher, H., Langer, R.** *Physik in Formeln und Tabellen.* 9, s.l. : Teubner GmbH, 2003. 3-519-23200-6.
12. *DIN 54190 Zerstörungsfreie Prüfung - Thermografische Prüfung - Teil 3: Begriffe.* s.l. : Beuth Verlag GmbH, 2004.
13. **Maldague, X. P. V.** *Theory and Practice of Infrared Technology for Nondestructive Testing.* s.l. : John Wiley & Sons, Mai 2001.
14. **Maldague, X. P. V., Moore, P. O.** *Nondestructive Testing Handbook - Infrared and Thermal Testing.* 3, s.l. : ASNT, 2001. 1-57117-044-8.

15. **Vollmer, M., Möllmann, K.** *Infrared Thermal Imaging: Fundamentals, Research and Applications.* 1, s.l. : Wiley-VCH Verlag GmbH & Co. KGaA, 2010. 978-3527407170.

16. **Riegert, G.** *Lockin and burst-phase induction thermography for NDE.* 141-154, s.l. : QIRT Journal, 2006, Bd. 3.

17. **Mooshofer, H., et al.** *Induktionsthermographie zur automatischen Prüfung von Generatorkomponenten.* s.l. : DGZfP-Jahrestagung 2009, 2009.

18. **Kremer, K.-J., Kaiser, W., Möller, P.** *Das Therm-O-Matic-Verfahren - ein neuartiges Verfahren für die Inlone-Prüfung von Stahlerzeugnissen auf Oberflächenfehler.* 71-76, s.l. : Stahl u. Eisen, 1985, Bd. 105.

19. **Berge, A.** *Elkem: Detection of Flaws in Metal Members.* s.l. : Patent US, 1979. 4247306.

20. **Berge, A.** *Detection of Flaws in Metal Members.* s.l. : Patent US Re, 1979. 32166.

21. **Halsor, S. R., Storset, M. K.** *Elkem: Methods of Flaw Detection in Billets.* s.l. : Patent US, 1982. 4480928.

22. **Hovland, H., Nilsen, J.** *Elkem: Methode zur Rissprüfung in Knüppeln.* s.l. : Patent EP, 1989. 0378006.

23. **Oswald-Tranta, B.** *Thermoinductive Investigation of Magnetic Materials for Surface Cracks.* 33-46, s.l. : QIRT Journal, 2004, Bd. 1.

24. **Oswald-Tranta, B.** *Thermoinductive Investigations of Magnetic Materials.* 229-237, s.l. : Verformungskundliches Kolloquium Lehrstuhl für Umformtechnik, Montan Universität, 2004, Bd. 23.

25. **Hillemeier, B., Müller-Run, U.** *Bewehrungssuche mit der Thermographie.* 83-85, s.l. : Beton- und Stahlbeton, 1980, Bd. 4.

26. **Hillemeier, B.** *Induktionsthermographie zur Ortung von Bewehrungsstählen.* 178-192, Berlin : BAM, Zerstörungsfreie Prüfung im Bauwesen, 1985, Bde. Tagungsbericht ZfPBau-Symposium.

27. **Oswald-Tranta, B., Wally, G.** *Thermo-Inductive surface crack detection in metallic materials.* WE.3.8.3, s.l. : ECNDT, 2006.

28. **Riegert, G., Gleiter, A., Busse, G.** *Möglichkeiten und Grenzen der wirbelstromangeregten Lockin-Thermografie.* s.l. : DGZfP, 2005, Bd. Vortrag 4.

29. **Hillemeier, B.** *Location of Reinforcement by Induction-Thermography.* 197-206, s.l. : SPIE, 1984, Bd. 520.

30. **Riegert, G., Busse, G.** *Induktions-Lockln-Thermografie.* 33-35, s.l. : MP Materialprüfung, 2004, Bd. 46.

31. **Riegert, G., Zweschper, Th., Busse, G.** *Eddy-current lockin-thermography Method and its Potential.* 587-591, s.l. : J. Phys., 2005, Bd. IV France 125.

32. **Riegert, G., Zweschper, Th., Busse, G.** *Induction-Lockin-Thermography: application and potential of an emerging NDE method.* 433-439, s.l. : Proc. Condition Monitoring Cambridge, 2005.

33. **Valeske, B., et al.** *Qualifizierung und Validierung der induktiv angeregten Thermografie für die Oberflächenrissprüfung von metallischen Bauteilen.* s.l. : DGzfP, 2009, Bde. Thermographie-Kolliquium.

34. **Riegert, G., Gleiter, A., Busse, G.** *Potential and Limitations of Eddy Current Lockin-Thermography.* 62051E, s.l. : SPIE, 2006, Bd. 6205.

35. **Sakagami, T., Kubo, S.** *Applications of Pulse Heating Thermography and Lock-in thermography to Quantitative Nondestructive Evaluations.* 211-218, s.l. : Infrared Physics & Technology, 2002, Bd. 43.

36. **Riegert, G., Zweschper, Th., Busse, G.** *Lockin Thermography with Eddy Current Excitation.* 1-11, s.l. : QIRT Journal, 2004, Bd. 1.

37. **Sakagami, T., Kubo, S.** *Development of a New Crack Identification Method Based on Singular Current Field Using Differential Thermography.* 369 - 376, s.l. : SPIE, 1999, Bd. 3700.

38. **Oswald-Tranta, B.** *Thermografische Rissdetektion mit Klassifizierung des Fehlers.* s.l. : DGZfP, 2009, Bde. Thermographie-Kolloquium.

39. **Dalton, C. R.** *Improvement in scanning infrared thermography (Dissertation).* Norman, Oklahoma : ProQuest LLC., 2010. 3402909.

40. **Balageas, D. L.** *Termografía Infrarroja: una técnica multifacética para la Evaluatión No Destructiva (END).* Buenos Aires : Conferencia Panamericana de END, 2007, Bd. 4.

41. **Holst, G. C.** *Testing and Evaluation of Infrared Imaging Systems.* s.l. : SPIE- the international society for optics and photonics, 2008. 9780819472472.

42. **Renier, E., et al.** *Spatial and Thermal Measurements using Thermography CCD during HF Soldering of Metallic Tubes.* 1699-1702, s.l. : Industrial Electronics Society IECON '98 24th Annual Conference of the IEEE, 1998, Bd. 3.

43. **Groth, C., Müller, G..** *FEM für Praktiker Band 3:Temperaturfelder.* s.l. : Expert Verlag, 2009.

44. **Powell, R. W.** *Correlation of metallic thermal and electrical conductivities for both solid and liquid phases.* 7, Great Britain : Pergamon Press, 1965, Bd. 8, S. 1033-1045. doi:10.1016/0017-9310(65)90086-4.

45. **VDI.** *VDI-Wärmeatlas.* Düsseldorf : VDI-Verlag, 1994, Bd. 7.

46. **Schatt, W., Worch, H.** *Werkstoffwissenschaft.* 9, s.l. : Wiley-VCH, 2002. 3-527-30535-1.

47. **Lin, W.** *Induction heating model for high frequency induction joining and repair of comlex-shape graphite fiber/polymer matrix composites (Dissertation).* Stanford : University Microfilms International, 1993. 9317789.

48. **Simonyi, K.** *Theoretische Elektrotechnik.* 6, Berlin : VEB Deutscher Verlag der Wissenschaften, 1977.

49. **Tietze, U., Schenk, C., Gamm, E.** *Halbleiter-Schaltungstechnik.* 13, Berlin : Springer, 2009. 978-3642016219.

50. **Lunze, K.** *Einführung in die Elektrotechnik.* 13, s.l. : Verlag Technik, 1991. 978-3341009802.

51. **Lunze, K.** *Theorie der Wechselstromschaltungen.* 8, s.l. : Verlag Technik, 1991. 978-3341009840.

52. **Lunze, K., Wagner, E.** *Einführung in die Elektrotechnik - Arbeitsbuch.* 7, s.l. : Verlag Technik, 1991. 978-3341008461.

53. **Seifart, M.** *Analoge Schaltungen.* 6, s.l. : Verlag Technik, 2003. 978-3341012987.

54. **Faraji-Dana, R., Chow, Y.** *Edge Condition of the Field and A.C. Resistance of a Rectangular Strip Conductor.* 133-140, s.l. : IEE Proceedings, 1990, Bd. 137.

55. **Rodrigez, A. A., Valli, A.** *Eddy current approximation of Maxwell Equations.* Trento Italy : Springer-Verlag Italia, 2010. 978-88-470-1505-0.

56. **Rudnev, V., et al.** *Handbook of Induction Heating.* New York : Marcel Dekker, 2003.

57. **Wang, Y., et al.** *Analysis of Induction Heating Eddy Current Distribution Based on 3D FEM.* s.l. : IEEE, 2008, Bd. IEEE REGION 8 SIBIRCON 2008. 978-1-4244-2134-3/08.

58. **Dodd, C. V.** *A Solution to Electromagentic Induction Problems Master Thesis.* s.l. : University of Tennessee, 1965.

59. **Dodd, C. V., Deeds, W.E.** *Analytical Solutions to Eddy-Current Probe-Coil Problems.* 39, s.l. : J. Appl. Phys., 1968. 2829-2838.

60. **Hillmann, S., Klein, M., Heuer, H.** *Schichtdicken-Charakterisierung dünner, leitfähiger Schichtsysteme mittels Wirbelstromtechnik.* s.l. : DGZfP-Jahrestagung, 2010.

61. **Maxwell, J. C.** *On Physical Lines of Force.* s.l. : Philosophical Magazine and Journal of Science, 1861.

62. **Maxwell, J. C.** *A Dynamical Theory of the Electromagnetic Field.* 459-512, s.l. : Philosophical Transactions of the Royal Society of London, 1865, Bd. 155.

63. **Nemkov, V. S., et al.** *Edge-Effect Characteristics for Nonmagnetic Hollow Cylinders under Induction.* 18-22, s.l. : Heating. Elektrotekhnika, 1982, Bd. 53.

64. **Meyl, K.** *Wirbelströme - Dreidimensionale nichtlineare Berechnung von Wirbelströmen unter Berücksichtigung der entstehenden Oberwellen am Beispiel einer Wirbelstromkupplung.* Villingen-Schwenningen : INDEL GmbH, Verlagsabteilung, 2001.

65. **Lamineries M.** *Stahl 1.4310.* 3.01, Schweiz : s.n., 2006.

66. **Zlobina, M., Nacke, B., Nikanorov, A.** *Electromagnetic and thermal analysis of induction heating of billets by rotation in DC magnetic field.* St. Petersburg : The XVI International Congress on Electricity Applications in a Modern World, 2008.

67. **Powell, R. W.** *Correlation of metallic thermal and electrical conductivities for both solid and liquid phases.* s.l. : International Journal of Heat and Mass Transfer, 1964, Bd. 8.

68. **Hossein, M., Hossein, T. K., Samavat, F.** *Computational Study of Electromagnetic Fields, Eddy Currents and Induction Heating in Thin and Thick Workpieces.* s.l. : Global-Science Press, 2009.

69. **Bendada, A., Nguyen, K. T., Loong, C. A.** *Application of Infrared Imaging in Optimizing the Induction Heating of Semi-Solid Aluminum Alloys.* 331-342, s.l. : Advanced sensors for metals processing: Proceedings of the International, 1999.

70. **Pfister, T., Büttner, L., Czarske, J.** *Laser Doppler profile sensor with sub-micrometre position resolution for velocity and absolute radius measurement of rotating objects.* 2005, S. 627-641.

71. **Nöthen, M.** *Praxis Lasermesstechnik - Zeitgleiche Messung von Geschwindigkeiten und Positionen mit einem Kasersensor an ruhenden und bewegten Festkörperoberflächen.* 1, Saarbrücken : VDM Verlag Dr. Müller GmbH & Co. KG, 2011, Bd. 1. 978-3-639-31305-5.

72. **Keferstein, C. P.** *Fertigungsmesstechnik - Praxisorientierte Grundlagen, moderne Messverfahen.* Auflage 7, s.l. : Vieweg und Teubner, 2011. 978-3-8348-0692-5.

73. **Eichler, J., Eichler, H. J.** *Laser - Bauformen, Strukturen, Anwendungen.* Berlin : Springer-Verlag, 2006.

74. **Kämmel, G., Franeck, H., Recke, H.** *Einführung in die Methode der Finiten Elemente.* s.l. : Carl Hanser Verlag, 1988, Bd. 1. 3-446-15030-7.

75. **Schwarz, H. R.** *Fortran-Programme zur Methode der finiten Elemente.* 3, s.l. : Teubner Studienbücher, 1991. 3-519-22064-4.

76. **Schwarz, H. R.** *Methode der finiten Elemente.* 3, s.l. : Teubner Studienbücher, 1991, Bd. 47. 3-519-22349-x.

77. **Wrona, E., Nacke, B., Resetov, D.** *3D-Modelling of the Transient Heating Process for Induction Surface Headening.* Hannover : International Scientific Colloquium, 2003, Bd. Modelling for Electromagnetic Processing.

78. **Henrotte, F., et al.** *Finite element modelling of the induction heating of a moving wire.* 1, Evian, France : s.n., 2001, Bd. Proceedings of Compumag.

79. **McCann, C.** *A novel radiofrequenccy coil for interstitial thermal therapy.* Toronto, Canada : Department of Medical Biophysics, 2007. 978-0-494-28013-3.

80. **Moaveni, S.** *Finite Element Analysis- Theory and application with ANSYS.* New Jersy : Prentice-Hall Inc., 1999. 0-13-785098-0.

81. **Yu, Q..** *Calculation of three dimensional magnetic field distribution of large air-core reactor coils (Dissertation).* Ohio : UMI Microform, 1996. 9631015.

82. **Press, A.** *Resistance and Reactance of Massed Rectangular Conductors.* 417-422, s.l. : Physical Review, 1916, Bd. 8.

83. **Tavakoli, M. H., Karbaschi, H., Samavat, F.** *Computational modeling of induction heating process.* 11, Hamedan, Iran : s.n., 2009, Bd. Progress In Electromagnetics Research Letters.

84. **Vrana, J. et al.** *Mechanisms and models for crack detection with induction thermography.* 27, s.l. : American Institute of Physics, 2008, Bd. Quantitative Nondestructive Evaluation.

85. **Renato C. M., Joao P. A. B.** *3D Finite Element Sulution of induction heating problems with effecient time-stepping.* 27, s.l. : IEEE, 1991, Bd. IEEE Transactions on magnetics.

86. **Schätzing, W. et al.** *FEM für Praktiker 4. Elektrotechnik Auflage: 2.* s.l. : Expert-Verlag, Oktober 2009.

87. **Hellenthal, L., Groth, C.** *Simulation of residual stresses in an induction hardened roll.* Bonn : International Congress on FEM Technology, 2005, Bd. 23.

88. **Liao, Y., Du, P., Yating, Y.** *3D Modeling and Simulation of the Electromagnetic Field in Eddy Current Sensor.* ChengDu, China : IEEE, 2006. 1-4244-0726-5/06.

89. **Aniserowicz, K. et al.** *A New Concept for Finite Element Simulation of Induction Heating of Steel Cylinders.* 33, 1997, Bde. IEEE TRANSACTIONS ON INDUSTRY APPLICATIONS,.

90. **Bauer, N.** *Handbuch zur Industriellen Bildverarbeitung - Qualitätssicherung in der Praxis.* Stuttgart : Fraunhofer IRB Verlag, 2008. 978-3-8167-7386-3.

91. **U.S. Department of Transportation.** *Crack Growth-Based Predictive Methodology for the Maintenance of the Structural Integrity of Repaired and Nonrepaired Aging Engine Stationary Components.* Springfield, Virginia : National Technical Information, 1999.

92. **Galunin, S. et al.** *Electrothermal Modelling and Numerical Optimization of Induction System for Disk Heating.* Riga : International Scientific Colloquium, 2006, Bd. Modelling for Material Processing.

93. **Nöthen, M., Wolter, K., Meyendorf, N.** *Surface Crack Detection in Ferritic and Austenitic Steel Components.* s.l. : IEEE, 2010. 33rd Int. Spring Seminar on Electronics Technology.

94. **Chang-Gyu, P., Jomg-Bum, K., Jae-Han, L..** *Evaluation and Test of a Crack Initiation for a 316 SS Cylindrical Y-junction Structure in a Liquid Metal Reactor.* 3, Daejeon, Korea : Nuclear Engineering and Technology, 2006, Bd. 38.

95. **Bamberg, J., Gerit, E., Günter, Z.** *EddyTherm: Ein Verfahren zur bildgebenden Rißprüfung metallischer Bauteile.* 68, s.l. : ZfP-Zeitung, 1999.

96. **Batti, A. F. et al.** *Electromagnetic Thermal Coupled Analysis of a Linear Induction Furnace with Rotational Symmetry.* 12, 2008, Bd. Journal of Engineering and Development. 1813-7822.

97. **Balke, H.** *Einführung in die Technische Mechanik - Statik.* s.l. : Springer-Verlag, 2005. 3-540-23194-3.

98. **Cheng-Chi, T.** *Advanced eddy-current methods for quantitative NDE.* Ames, Iowa : UMI Microform, 1997.

99. **Sudhir, S.** *Chipless RFID sensor tag system with microstrip transmissionline based ID Generation schemes.* Louisiana : College of Engineering and science Louisiana Tech University, 2009.

100. **Vinit, S.** *Implantable Devices for a Retinal Prosthesis: Design and Electromagnetic and Thermal Effects (Diss).* North Carolina : ProQuest LLC., 2008. 3395271.

101. **Wagner, W.** *Festigkeitsberechnungen im Apparate- und Rohrleitungsbau.* 4, s.l. : Vogel Fachbuch, 1991, Bde. Kamprath-Reihe. 3-8023-0158-7.

102. **DGZfP.** *DGZfP-Merkblatt TH 1 - Merkblatt zur Charakterisierung von Thermographiesystemen.* 1999.

103. **DIN.** *DIN 1319-1 Grundlagen der Meßtechnik - Teil 1: Grundbegriffe.* 1995.

104. **DIN.** *DIN 54162 Zerstörungsfreie Prüfung - Qualifizierung und Zertifizierung von Personal für die thermografische Prüfung - Allgemeine und spezielle Grundlagen für Stufe 1, 2 und 3.* s.l. : Beuth Verlag GmbH, 2006.

105. **DIN.** *DIN 54190 Zerstörungsfreie Prüfung - Thermografische Prüfung - Teil 1: Allgemeine Grundlagen.* s.l. : Beuth Verlag GmbH, 2004.

106. **DIN.** *DIN 54190 Zerstörungsfreie Prüfung - Thermografische Prüfung - Teil 2: Geräte.* s.l. : Beuth Verlag GmbH, 2004.

107. **DIN.** *DIN 54191 Zerstörungsfreie Prüfung - Thermografische Prüfung elektrischer Anlagen.* s.l. : Beuth Verlag GmbH, 2009.

108. **DIN.** *DIN 54192 Zerstörungsfreie Prüfung - Aktive Thermografie.* s.l. : Beuth Verlag GmbH, 11.2010.

109. **DIN.** *DIN EN 473 Zerstörungsfreie Prüfung - Qualifizierung und Zertifizierung von Personal der zerstörungsfreien Prüfung - Allgemeine Grundlagen.* s.l. : Beuth Verlag GmbH, 2008.

110. **DIN.** *DIN EN ISO 9288 Wärmeschutz - Wärmeübertragung durch Strahlung - Physikalische Größen und Definitionen.* s.l. : Beuth Verlag GmbH, 1996.

111. ***EN ISO*** *15549 Zerstörungsfreie Prüfung - Wirbelstromprüfung - Allgemeine Grundlagen.* s.l. : Beuth Verlag GmbH, 2010.

112. ***ASTM*** *E1213 - 97(2009) Standard Test Method for Minimum Resolvable Temperature Difference for Thermal Imaging Systems.* 2009.

113. ***ASTM*** *E1543 - 00(2006) Standard Test Method for Noise Equivalent Temperature Difference of Thermal Imaging Systems.* 2006.

12 Abbildungsverzeichnis

13 Tabellenverzeichnis

Danksagung

An dieser Stelle möchte ich allen danken, die mit mir während meiner Promotion zusammengearbeitet haben. Ganz besonders möchte ich mich bei meinem Professor und Doktorvater Herrn Prof. Dr.-Ing. habil. N. Meyendorf für seine Unterstützung und die Perspektive bedanken. Dafür dass er mir diese Arbeit ermöglicht und in der Ausgestaltung dieser immer freie Hand gelassen hat. Besonders möchte ich dafür danken, dass er mir zahlreiche Dienstreisen zu internationalen Konferenzen und nationalen Projekttreffen sowie einen 6-monatigen Auslandsaufenthalt ermöglicht hat. Mein Dank geht auch an Herrn Prof. Dr.-Ing. habil. Wolter für seine großzügige Unterstützung meiner Arbeit und der Bereitstellung eines Arbeitsplatzes an der Universität sowie für die Nutzung der Laborräume. Herrn Dr.-Ing. Frank Schubert, meinem Abteilungsleiter, möchte ich für seine Motivation und der gesamten Abteilung für computergestützte Methoden danken.

Für die technische Unterstützung gilt mein Dank Herrn Dipl.-Ing. Montnacher und Herrn Wolfgang Schmidt für die Breitstellung des Equipments des Fraunhofer IPA.

Herrn Dr.-Ing. Björn Böhme möchte ich für zahlreiche interdisziplinäre Diskussionen danken.

Besonderer Dank sei auch an meine Eltern, Geschwistern sowie meinen Neffen gerichtet. Ganz besonders habe ich in den vergangenen Jahren die technische Expertise meines Vaters zu schätzen gelernt.

Abschließend möchte ich mich besonders bei meiner Freundin und zukünftigen Frau, Franziska Herz, bedanken, dass sie mir immer zur Seite gestanden und mich aufgebaut hat. Ohne den Rückhalt meiner Familie hätte diese Arbeit nicht geschrieben werden können.